㶲分析的概念与方法

GB/T 14909—2021《能量系统㶲分析技术导则》解读

郑丹星　编著

化学工业出版社
·北京·

内容简介

本书通过回答四个问题：①㶲与㶲分析的概念是什么？②如何获得㶲分析所需要的数据？③㶲分析的评价指标有哪些，又怎样使用？④㶲分析怎么做？力图通俗易懂地讲解㶲分析的概念与方法。

书中内容与 GB/T 14909—2021《能量系统㶲分析技术导则》中内容的对应关系分别列于各个问题（章节）的适当位置，以便读者对照。此外，书中还给出了一些必要的工具，包括㶲分析的数据表、㶲分析的计算软件介绍、㶲值计算与㶲分析示例、参考文献以及术语检索等，希望有助于读者了解㶲分析的概念，掌握㶲分析的方法，进而开展一些练习与实践。

本书适合各级政府的能源管理人员、过程工业行业能源管理人员和技术人员、科研院所技术人员、高校师生以及对节能理论和方法感兴趣的读者阅读。

图书在版编目（CIP）数据

㶲分析的概念与方法：GB/T 14909—2021《能量系统㶲分析技术导则》解读/郑丹星编著.—北京：化学工业出版社，2022.2

ISBN 978-7-122-40403-9

Ⅰ.①㶲… Ⅱ.①郑… Ⅲ.①化工热力学-分析方法
Ⅳ.①TQ013.1-34

中国版本图书馆CIP数据核字（2021）第250372号

责任编辑：提　岩　于　卉　　　　文字编辑：苗　敏　师明远
责任校对：王　静　　　　　　　　美术编辑：王晓宇

出版发行：化学工业出版社（北京市东城区青年湖南街 13 号　邮政编码 100011）
印　　装：三河市延风印装有限公司
710mm×1000mm　1/16　印张 13　字数 227 千字　　2022 年 6 月北京第 1 版第 1 次印刷

购书咨询：010-64518888　　　　　　售后服务：010-64518899
网　　址：http://www.cip.com.cn
凡购买本书，如有缺损质量问题，本社销售中心负责调换。

定　　价：48.00元　　　　　　　　　　　　　　版权所有　违者必究

序

　　我国的能源和碳减排成为制约我国经济社会发展和生态建设的重大瓶颈。我们要继承和发扬老前辈吴仲华先生"温度对口、梯级利用"的用能理念，积极探索和研发能源有序转化的新方法和新途径，力求节约用能，合理用能。热力学的基本原理，包括㶲分析的理论方法，是科学用能的核心理论基础。然而，由于㶲分析的理论性较强，往往被认为是"阳春白雪"，难以理解，难以实际推广应用。

　　为了推动㶲分析方法的实际应用与普及，我国有不少先行者开展了这个方向的探索。我国㶲分析国家标准的第一版是 1994 年发布的，2005 年曾修订了一次，这次是第三版。修订工作由郑丹星教授和史琳教授牵头，从 2015 年开始，历时 5 年多，工作非常出色，高水平地通过了标准评审。这个标准不仅体现了国内外的㶲分析研究与应用的最新成果，还凝聚了我国这个领域的专家以及标准编制人员多年来的贡献。郑丹星教授长期从事热力学与㶲分析方面的研究，参与了这个标准三个版本的制定和修订。现在，他又编写了这本标准解读，逐条详细释义标准内容，深入浅出地解释其中的概念和原理，并具体展述㶲分析方法的各种应用实例。

　　可以相信，无论是新版㶲分析国家标准还是这本标准解读，都将有助于推动㶲分析理论与方法的实用化发展。

金红光

2021 年 12 月于北京

目录

引言

（1）理解㶲的概念和掌握㶲分析方法的现实意义

说起来，㶲（exergy）是一个晦涩难懂的物理量，**㶲分析**（exergy analysis）又是一个长期以来被人称为"阳春白雪"的能量分析方法。直面这个问题，本书是国家标准 GB/T 14909—2021 的释义和宣贯，力图通俗易懂地解说㶲分析的概念与方法。

指导我们认识和利用能源的理论是热力学。热力学首先说，**能量具有两重属性，一是具有"数量（quantity）"，二是具有"质量（quality）"**。就像我们买了一箱苹果，有个数量，比如 100 个；还有质量，比如有 5 个是烂的，不能吃了，或者说只有 95 个可以吃。热力学又说，**能量分析有两种方法，一是"能量数量守恒"的分析，二是"能量质量不守恒"的分析**。所谓能量数量守恒，即输入与输出一个用能系统的能量数量总量不变，输入等于输出。所谓能量质量不守恒，即输入与输出一个用能系统的能量质量总量是减少的，输入大于输出。换句话说，**用能系统所发生的过程**（例如某种产品的生产加工）**必然导致能量质量的贬值**。这就是本书的一个重要概念，过程的"热力学代价"——㶲损失（exergy loss）。㶲分析就是考查用能系统中，导致能量质量贬值或产生㶲损失的原因和部位，探索改进系统用能方式的可能性。

众所周知，**高能源消费导致的能源短缺与环境污染，严重影响着我国经济的长期可持续发展**。2007 年以来，我国能源消费增长了 54.6%。我国已经是全世界最大的能源消费国。2017 年，我国能源消费达到 4.49 Gtce，占全球能源消费总量的 23.2%，贡献了全球能源消费增长量的 34%。当年，我国能源强度为每万元 GDP 消耗 0.54 tce，高出国际平均值每万元 GDP 消耗 0.37 tce 45.9%。同时，我国还面临因能源利用导致的严峻环境问题，大气、水环境、植被、土壤的破坏和污染严重。世界各国的能源利用综合评估，中国仅位列第 74 位（2013，世界经济论坛）。

因此，节约能源成为中国应对上述重大问题的一项战略性选择。如图 0-1 所示的 2012 年以来我国能耗水平降低情况，2012～2020 年全国万元 GDP 能耗分别降低 3.6%、3.7%、…、0.1%（有疫情因素），8 年间共降低 32.3% 左右。从图 0-1 还可以看出，自 2015 年以来，全国万元 GDP 能耗降幅逐年下降，似乎在说，挖潜空间越来越小，难道是节能工作已经做到家了吗？

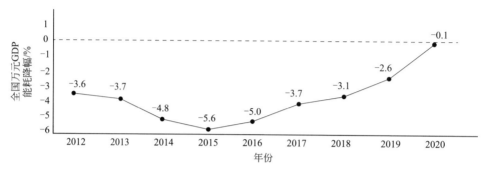

图 0-1　2012～2020 年我国能耗降幅

这里反映的是，以往我们的注意力更多放在了"数量节能"上。过程的数量节能有两个途径，其一是减少外部损失，关注"跑、冒、滴、漏"，力求"把丢掉的捡回来"，即资源再循环；其二是利用可再生能源，即"从外面捞一把"。图 0-1 的数据显示，在数量节能方面，我国已经采取了大量措施，取得重要成果。可以说，这方面的工作几近饱和。

当前，我国的节能降耗之路已经进入一个新的阶段——节能攻坚，进一步挖掘节能潜力在于转变能源利用理念，按质用能，开展"质量节能"。要做到这一点，**首先需要我们有一个能力提升——认识到能量不仅有数量还有质量，不同形式能的质量存在差异**。例如，数量相同的电能与热能质量并不相同；不同温度的热能，即使数量相同但质量却不相同；纯度不同的物质、不同种类的燃料等，同样存在类似的情况。其次，**相同的用能系统采用不同的用能方法所导致的热力学代价（能量的贬值程度）也存在差异**。例如，冬季以电供暖，直接电加热看似效率很高，却不符合"按质用能"的理念。采用热泵是按质用能的改进方式之一，相同供暖负荷，热泵供暖的电耗可以减少 60%～80%。

可以打个比方，节能有三板斧，头两板斧是数量节能，第三板斧是质量节能，也就是按质用能。以往我们主要做了头两件工作，即"把丢掉的捡回来"和"从外面捞一把"，而对按质用能关注不够，做得就更不够。

显然，**节能攻坚需要我们建立新的节能技术制高点**。通过理解㶲的概念和掌握㶲分析方法，基于能量的质量属性去把握和提升用能技术，可以进一步提高过程用能效率。有充分理由认为，为了提高我国能源利用能效，开拓新的节能途径，大力促进各行各业按质用能，㶲分析方法的应用与普及必将有力支撑我国当前产业经济的调整转型和高质量发展。

（2）㶲分析研究与应用的发展

㶲分析的基础是热力学第二定律。作为能量质量评价的**第二定律分析** (second law analysis) 方法主要有三种：**熵分析**（entropy analysis）、**损失功分析**（lost work analysis）和㶲分析。相对而言，㶲分析的理论内容更为丰富，实际应用也更为普遍。初期㶲分析的概念、理论与方法并不完善，自 20 世纪中期以来，它经历了一个长期发展、不断完善的过程。其特有的实际应用意义是这一发展过程的推动力。正如这一领域著名学者 Rosen M A 教授指出的，"它为合理、有意义地评价和比较过程和系统提供了一种可供选择的、有启发性的手段"。**相对于过程的能量衡算与分析，它可以更清楚地揭示过程中热力学损失的原因与部位，可以获得过程节能潜力与机会的信息。**因此，㶲分析有助于改进和优化设计。越是在能源问题突出的年代，例如 20 世纪 70 年代的石油危机时期，人们越重视它的作用——从那个时候开始直到 20 世纪 90 年代，曾经是我国㶲分析学术领域发展十分兴旺的时期。

近年来，随着能源与环境问题的日益严重，㶲分析方法得到长足发展，在国际上的应用也越来越多，越来越广泛。以下是应用与发展比较显著的几个领域示例：

① **过程工业系统能量集成** 过程工业是指如石化、电力、冶金、造纸、医药、食品等工业，大型过程工业往往是重点能源消耗行业。世界各国工业能源消费一般只占能源消费总量的三分之一左右，而在我国，工业能耗占比接近 70%。其中仅冶金、化工、建材、石化 4 个行业就占 50% 以上。以㶲分析方法为基础发展出了许多过程系统集成技术，例如能量有效利用图示系统集成方法、过程品位分析法等。通过系统㶲损失的少量化与过程热力学代价的合理化，提出系统节能的工艺改进措施，进而构造先进流程构型。

② **能源管理与能源审计** 能源管理和能源审计部门日益认识到，㶲分析方法有助于根据国家有关节能法规和标准，进行能源使用过程的检测、核查、分析和评价。一些工业界和政府部门也日益认识到，㶲分析结果可以深化对对象系统能量利用特性的认识，有助于获得正确的节能方案与技术改造决策，有助于促进对能源消费过程的计划、组织和控制等一系列工作。

③ **资源与环境的可持续发展** 有研究者认为，㶲是将能源、环境和可持续

发展三者结合起来的一个理论工具，具有跨学科特性，可以在这些领域直接建立联系，还可以在解决可持续发展问题和在广泛的地方、区域和全球环境问题方面发挥积极的作用。因此，㶲被用作产品生命周期评价等环境保护方面相关问题的分析工具。可以看到，近年来国家提出的碳达峰与碳中和的社会发展需求进一步推进了㶲分析方法在这一领域的研究和应用。

（3）GB/T 14909 的发展与新版的主要特征

虽然美国早期也提出过类似的㶲分析技术导则（Moran M J，1989），并通过权威性的工作 *Exergy analysis: Principles and practice*（Moran M J，1994）大力宣传和推广。但迄今为止，只有日本与中国制定了类似标准，国际标准化组织（International Organization for Standardization，ISO）也没有相关专门标准。

日本工业标准（日本工业规格）JIS Z 9204—1980 "有效エネルギー評価方法通则"（*General rules for energy evaluation method by available energy*）是国际上第一部专门用于㶲分析的国家标准。GB/T 14909 的第一版 GB/T 14909—1994《能量利用中的㶲分析方法技术导则》（1994 年 1 月 15 日发布，1994 年 10 月 1 日实施）就是参照日本的 JIS Z 9204—1980 起步的。

而后，日本提出了 JIS Z 9204—1980 的修订版 JIS Z 9204—1991。GB/T 14909 的第二版是 GB/T 14909—2005《能量系统㶲分析技术导则》（2005 年 7 月 15 日发布，2006 年 1 月 1 日实施），其制定参考了 JIS Z 9204—1991。但是 1991 年以后，日本的 JIS Z 9204 没有修订，原因可能是多方面的，比如㶲分析方法难以普及，日本为推广 JIS Z 9204 曾经做了大量工作。

在 ISO 的 ISO/TC 244（"工业炉及相关热处理设备"委员会，秘书处设在日本工业标准委员会，2008 年成立）制定的 ISO 13579—11: 2017《工业炉和相关加工设备.能量平衡的测量和能量效率的计算方法》的 "第 11 部分：各种效率的评定"（*Industrial furnaces and associated processing equipment-Method of measuring energy balance and calculating energy efficiency- Part 11: Evaluation of various kinds of efficiency*）中，规定了工业炉及相关热处理设备的能效（包括㶲）的设计、施工、运行等技术范畴的要求。

与国际标准和国外先进标准相比，我国 GB/T 14909 具有鲜明的特点。多年来，研究组坚持在㶲分析方法的科学化、先进化、体系化和通俗化上开展了大量工作，本次修订工作更是大幅度提升了 GB/T 14909 的水平，使其全方位地处于国际领先地位，特别是在以下三个方面。

① **基准数据更新及时，环境参考态体系不断完善**　GB/T 14909 从一开始就采用了国际上的主流环境参考态体系，基准物的热力学数据采用了 ISO 相关的

国际纯粹与应用化学联合会（International Union of Pure and Applied Chemistry，IUPAC）的化学热力学数据。

虽然 GB/T 14909—1994 最初是参照日本的 JIS Z 9204—1980 建立环境参考态体系，但是 GB/T 14909—2005 及时跟踪 IUPAC 的热力学数据更新，特别是这次修订不仅核实了数据的更新状况，还提出对 JIS Z 9204 环境参考态体系的修正，纠正了其隐含的偏差。

② 方法论更为体系化和完整化　GB/T 14909—2021 的附录给出了完整的㶲值计算方法，为过程㶲分析提供了有效的支撑条件。其中除了常规计算方法外，这次修订特别提出了：a. 修正的环境参考态体系，包括基准物和数据；b. 用于能的品位分析的物质品位与过程品位的计算方法；c. 建立了标准㶲与标准焓的计算方法，包括复杂组成的化石燃料与可再生燃料的标准㶲与标准焓的计算方法；d. 负环境压力条件下㶲值的计算方法等。

③ 努力使文本表述与方法介绍通俗化　在坚持学术与技术上必要的严谨性的前提下，GB/T 14909—2021 的文本采用通俗易懂的表述，附录案例涵盖了方法论的基本内容应用，案例背景尽量具有应用的普遍意义，一步步逐一解说标准给出的㶲分析步骤，力图让标准使用更为有章可循，便于使用。在文本之外，为了配合 GB/T 14909—2021 的应用，特别研发了数据检索与计算软件"㶲数据计算器（Exergy Calculator）"，以免去标准使用者获取数据的部分烦琐工作，为实用分析提供技术支撑。本书不仅对 GB/T 14909—2021 逐条释义，还给出了丰富的案例分析，以推动㶲分析方法走向更广范围的应用。

（4）本书的构成、主要内容与阅读方法

本书分两部分，第一部分是对 GB/T 14909—2021 的释义，第二部分是附录。全书从㶲和㶲分析的基本概念入手，讲解了㶲分析方法的数据获取、对象评价与分析方法实施，这是一个逐步深入的过程。当然，如果读者有较好的相关知识基础，直接阅读某一部分也是可以的。与释义内容对应的 GB/T 14909—2021 的原文列于书中的适当位置，形式醒目，以便读者对照。

本书虽为 GB/T 14909—2021 的解读，却力图在更为广阔的范围，以更为深入的水平，阐明有关㶲分析的概念与方法，并努力采用通俗的表述为读者讲解严格的热力学概念和方法，所以书中对于术语、概念与公式的介绍难以避免。各个章节的题目和编写构成，看似简要、通俗，但对于初次接触的读者或许还需下些功夫。附录的内容包括㶲分析的数据表、㶲分析的计算机软件、㶲值计算与㶲分析示例、GB/T 14909—2021 的附录 B 能量系统的㶲分析实例，此外还有参考文献和术语检索等。希望这种编排方式能方便读者掌握㶲分析的概念和

方法，用它去解决实际问题。

（5）本书撰写工作的主要参与者

本书由 GB/T 14909—2021 的起草组（详见 GB/T 14909—2021 的"前言"）策划，郑丹星教授（北京化工大学）执笔完成。参与案例编写工作的有：黄维佳副教授（上海理工大学）、戴晓业助理研究员（清华大学）、冯乐军博士（中国科学院工程热物理研究所）、陈小辉博士（深圳市标准技术研究院）、姜曦灼博士（清华大学）、段立强教授（华北电力大学）、刘猛副研究员（中国标准化研究院）等。陈有辉（上汽通用五菱汽车股份有限公司）完成了计算机软件新版的后期完善工作。特别感谢，史琳教授（清华大学）和张娜研究员（中国科学院工程热物理研究所）完成了本书的审稿工作，金红光院士（中国科学院工程热物理研究所）为本书作序。

在此，谨向所有给予本书撰写工作支持的领导、专家和各方面人员一并表示诚挚的感谢！

郑丹星

第1章

概念：㶲与㶲分析的概念是什么？

㶲是定量表征能量"质量"的热力学状态函数，**㶲分析方法**是基于热力学第二定律的过程能量分析法。它以能量不仅具有数量，而且具有质量的概念，剖析用能过程与用能系统中的能量贬值情况，进而评价其热力学完善度与能量利用的有效性。实施㶲分析的目的在于发现和诊断能源利用中存在的问题，进而揭示问题产生的原因，挖掘节能潜力，提出高质量用能的改进建议与措施。

本章是本书的开篇，将围绕 GB/T 14909—2021 的基础性、概要性问题做标准内容释义。其中㶲和㶲损失的概念以及㶲分析方法的基本内容与作用是本章的核心内容，具体包括：

① 㶲是什么物理量？有什么用？

② 㶲损失是怎么一回事儿？㶲损失怎么确定？

③ 㶲分析体系怎么界定？

④ 为什么要做系统的能量衡算？能量衡算怎么做？

⑤ 系统的㶲衡算怎么做？

⑥ 㶲分析有哪些内容与作用？

在上述讨论中，虽然某些段落会拓展到一些必要的热力学基本知识，甚至还会涉及 GB/T 14909—2021 中某些更为展开的内容，但其目的仍是使读者获得阅读本书的基础。

1.1 㶲是什么物理量？有什么用？

（1）热力学第二定律

作为物理学的一个分支，热力学是专门研究不同形式能量转换宏观规律的科学。热力学有两个最重要的基本定律，就是**热力学第一定律**（first law of thermodynamics）和**热力学第二定律**（second law of thermodynamics），这是热力学的核心理论。它们是实验现象的普遍性概括和提炼，是自然界所有实际能量转换必须遵守的客观限制。所以，根据它们推出的分析结论具有高度的可靠性和普遍性。

第一定律讲了第一个限制——能量转换中，能量的数量是守恒的。能量可以热或功的形式从一个物体传递到另一个物体，热能也可以与机械能或其他能量互相转换，但是在转换过程中，能量的数量总量保持不变。通常，人们比较熟悉，也比较容易理解第一定律，但是对第二定律的认知却与前者大相径庭。也就是说，第二定律讲的道理不那么容易懂。如式（1-1）用了不等号，这在理论科学中实属少见，而这个不等号却大有文章。

前面说了，第一定律讲的是能量互相转换中的数量关系，按照能量守恒定律，热和功应该是等价的，热和功仅仅表示为简单加和关系的项目，例如 1 J 热与 1 J 功是相等的。然而，实验证明，能量转换过程进行的方向存在限制。对应于第一定律，第二定律讲的是能量在互相转换时体现出的质量差异（或"品质"差异）。第二定律指出：热和功并不完全相同。因为功可以不需要任何条件完全转变成热，转换效率是 100%；热转变为功却必须伴随热的耗散，降低了热功转换效率，而且，热的温度越低，其转换为机械能的比例越少。也就是说，两种不同形式的能量互相转换时，即使它们数量相同，但存在转换方向限制。可见，与数量相等的功比较，热是使用价值相对低的能量形式。换句话说，热和功在质量上不相等。在这个意义上，**机械能比热的质量高**，而且，**热的温度越高，质量也就越高**。

第二定律还有很多表述。例如，热不可能自发地从低温物体转移到高温物体；不可能从单一热源取热使之完全转换为功，而不引起外界其他影响；不可能制作一种循环工作的热机，从单一热源取热使之完全变为功，而不引起外界其他变化，等等。而所有这些表述在理念上都是等价的，概括起来说就是：**凡自发过程均有方向性**。例如，自然界中的水总是从高处流向低处（图 1-1），不会自动地从低处流向高处，除非借助水泵（引起的外界变化）。概括地说，自然界中发生的变化是自发进行的。

㶲分析的概念与方法
GB/T 14909—2021《能量系统㶲分析技术导则》解读

图 1-1　水从高处流向低处

　　第一定律给出了量化体系在能量转换中的能量数量守恒特征的状态函数（详见 2.1 节），即**内能**（internal energy）和**焓**（enthalpy）；对应地，为了量化描述体系在能量转换中存在"方向性"（品质差异）的特征，第二定律建立了状态函数——**熵**（entropy）。数学上，第二定律可表示为：

$$\Delta S \geqslant \int_{Q} \frac{\delta Q}{T} \qquad (1\text{-}1)$$

　　式中，微分记号以"δ"表示而不用"d"，意在区别热不是状态函数，而是**过程函数**（process function），这是热力学函数符号的一个特殊表示。此外，功也是过程函数。对于孤立体系（既无功和热交换，又无质量交换的体系），则：

$$\Delta S_{\text{iso}} \geqslant 0 \qquad (1\text{-}2)$$

　　式中，ΔS_{iso} 为孤立体系总熵变，为界定进孤立体系的体系熵变 ΔS_{sys} 与环境熵变 ΔS_{sur} 之和，即：

$$\Delta S_{\text{iso}} = \Delta S_{\text{sys}} + \Delta S_{\text{sur}} \geqslant 0 \qquad (1\text{-}2\text{a})$$

　　第二定律认为：**自然界中任何过程都不可能自动复原，除非借助外界作用，或者除非过程是"可逆"的**。即发生能量转换的孤立体系初态与终态之间可逆过程的熵变为零，而不可逆绝热过程熵变必然大于零。这就是孤立体系**熵增原理**（principle of entropy increase）。或者将其表述为：孤立体系的任何过程总是向着总熵变为正的方向进行，随着过程趋于平衡，则孤立体系总熵变也趋于零，即 $\Delta S_{\text{iso}} \to 0$。或者说，孤立体系总熵变减小的过程是不可能的。

（2）烟

　　熵是热力学第二定律的基本函数，但是用熵来描述体系在能量互相转换中能量守恒的特征并不合适，为此热力学给出了一个特别的状态函数——㶲。这样，热力学用内能和焓来描述体系所含有能量的数量，用㶲来描述体系所含有能量的质量。

例如机械能比热的质量高，而热的温度越高，质量也就越高。以㶲来描述就是，机械能所含有的能量全部是㶲，热所含有的能量只有一部分是㶲；热的温度越高，其所含能量中㶲的比例越高。

3.3 㶲 exergy

体系从所处的任意状态（具有一定的温度、压力与化学组成）达到与环境参考态相平衡状态的可逆过程中对外界做出的功。

图 1-2 描述了两个状态，一个是环境参考态，另一个是描述对象体系的任意状态。环境参考态是一个理想状态，有特定的状态参数：温度 T_0、压力 $p^\ominus$ 和组成 $\underline{x}_0$。这里的一维数组符号 "$\underline{x}_0$" 表示 N 种物质的摩尔分数，即 $\underline{x}_0$ 等效于 $(N-1)$ 个 $x_{0,i}$，包括 $x_{0,1}$、$x_{0,2}$、…、$x_{0,i}$、…、$x_{0,N-1}$。概念上，通常这些状态参数设定为接近大气、地表和海水的条件。对象体系任意状态的状态参数是任意的温度 T，压力 p 和组成 $\underline{x}$；$\underline{x}$ 表示此状态下的 x_1、x_2、…、x_i、…、x_{N-1}。

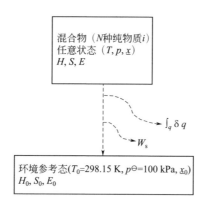

图 1-2 体系由任意状态可逆地变化到环境参考态

从图 1-2 的任意状态到环境参考态之间设定一个稳定流动的可逆过程，可有㶲的定义：在除环境外无其他热源的条件下，当体系从任意状态可逆地变化到与环境参考态相平衡的状态时，能够最大限度地转换为**有用功**的那部分能量称为㶲。这里所谓的与环境相平衡是指与环境参考态达到热平衡、机械平衡和化学平衡，即达到与环境参考态的温度、压力相同，而且与化学成分也相同的状态。

对于流动体系（或称为开放体系），㶲被记作：

$$\varepsilon \equiv (H - H_0) - T_0(S - S_0) \qquad (1\text{-}3)$$

而对于封闭体系，㶲被记作：

$$\varepsilon \equiv (U - U_0) + p^{\theta}(V - V_0) - T_0(S - S_0) \qquad (1\text{-}4)$$

在热力学之中，**封闭体系**（closed system）被定义为与外界虽然没有物质交换，但有能量交换的体系。而与其他物体既没有物质交换又没有能量交换的体系被定义为孤立体系。

从㶲的定义可以看到，㶲所描述的就是处于任意状态时的对象体系所具有的能量中那部分相对于环境参考态所具有的"做功能力"。不能做功的能量没有质量，不能算数。可以说，㶲定义了能量中"量"与"质"统一的部分。不论哪种形态的能量，其中所含的㶲都反映了各自能量中"量"与"质"相统一的部分。因此，可以借助㶲来评价和比较各种不同形态的能量。换句话说，㶲所具有的这样一种互比性，为能量评价提供了统一的尺度。就像一箱苹果（图1-3），质量好的一个就顶一个，烂的不能算数。

图1-3 苹果的数量和质量都要兼顾

1.2 㶲损失是怎么一回事儿？㶲损失怎么确定？

这里，以稳定流动体系［参见2.3中的（1）］为例展开讨论。众所周知，根据热力学第一定律（能量守恒原理）对一个稳定流动体系做能量衡算时，其输入能量与输出能量必然相等。例如，体系的输入焓与输出焓必然相等。但是，根据热力学第二定律，体系的输入㶲与输出㶲却不相等，即体系发生实际过程的输入㶲总是大于输出㶲，除非体系发生的是理论上的可逆过程。

㶲衡算与能量衡算的最大区别在于㶲衡算存在㶲损失（即体系的输入㶲与输出㶲之间的差值）。一个体系的㶲损失越大，表明其输出能量与输入能量相比，质量上贬值得越厉害，其能量转换过程得以实现的热力学代价越大。

㶲损失是虚拟的，看不见摸不着，不可感知，但它却是过程得以进行的主宰，非它莫属。它是实际体系中所有自发过程的推动力，缺它不可。它无时无刻不体现在我们身边。例如，体系的"目的过程"是一个非自发过程，熵变为负。这时就需要一个强自发过程与其伴随，其熵变不仅为正，而且绝对值大于目的过程的熵变，使其可作为体系的"驱动过程"。目的过程与驱动过程耦合，使体系总熵变为正，目的过程得以实现。这就像砖块不会自动跳到高处，但是一个大胖子跳上跷跷板的一端，会使跷跷板另一端的砖块弹到相对高的位置。电冰箱制冷就是一个很好的实际例子。冰箱的目的是制冷，热需要从冷藏室（−20 ℃左右）传到环境（25 ℃左右）中去，这是一个非自发过程。冰箱中的制冷剂循环消耗了大量电能，将其转变为热能排向环境。电能转变为热能是一个自发过程，其与非自发过程耦合使得冰箱制冷得以实现。

可以说，人类利用能量实质上是利用能量中所含有的㶲，而利用过程导致能量贬值，即导致㶲损失。也许，从这里可以体会热力学第二定律所揭示的"大道无形"的自然界变化规律。应该说，㶲损失是㶲分析的核心概念与内容。㶲损失的确定，涉及待评价对象体系的界定、体系的能量衡算与㶲衡算等一系列工作。

相对于孤立体系和封闭体系，人们更关注流动体系的㶲损失。基于㶲损失发生的位置与原因，流动体系的㶲损失又被分成**内部㶲损失**和**外部㶲损失**。

（1）内部㶲损失

3.4　内部㶲损失 internal exergy loss

由于体系内部过程不可逆性所造成的体系做功能力的减少。

在体系内部发生的各种物理的或化学的实际过程都是不可逆的，由此产生的㶲损失就是所谓的**内部㶲损失**（internal exergy loss）。例如，一个体系内部的热量传递、气体扩散、液态蒸发、燃料燃烧等。可以看到，内部㶲损失被界定发生在体系内部，用以量化能量转换过程的热力学不可逆性和能量贬值的大小。所谓"内部"意即实质、本征，在进行能量分析时，需要更加关注。

（2）外部㶲损失

标准原文

3.5　外部㶲损失 external exergy loss

由于体系发生的摩擦生热、绝热不良、废气排热等导致的做功能力减少，以及环境污染物和废弃物等外部废弃造成的做功能力减少。

相对内部㶲损失，体系的外部㶲损失用于量化体系外部的㶲废弃。封闭体系与外界仅有能量交换，而流动体系与外界既有物质交换又有能量交换。在一个流动体系的边界上，可能存在能流或物流的输入与输出。例如，如果体系向外界排出的能流或物流并非作为"产品"，而其中包含有尚未被利用的㶲，即意味着这些能流或物流将造成体系输入㶲的废弃，称为体系的外部㶲损失。例如，热设备保温不好而导致的热损失中所含有的㶲，锅炉燃烧排渣所含有的㶲，以及食品加工厂废水所含的㶲等。

显然，无论是孤立体系、封闭体系，还是流动体系，内部㶲损失的概念都是普遍适用的。但是，外部㶲损失的概念不适用于孤立体系。内部㶲损失与外部㶲损失之和是体系的总㶲损失。

标准原文

5.1　㶲损失

总㶲损失按公式（1）计算：

$$I = I_{int} + I_{ext} \quad\quad\quad\cdots\cdots\cdots\cdots\cdots\cdots\cdots\cdots （1）$$

式中：

I　　　——总㶲损失，单位为千焦或千焦每时（kJ 或 kJ/h）；

I_{int}，I_{ext}——分别为内部㶲损失与外部㶲损失，单位为千焦或千焦每时（kJ 或 kJ/h）。

各类基本过程（单元设备）的㶲损失计算式见 A.5。

内部㶲损失与外部㶲损失的明确划分，便于评估㶲损失在体系中发生的部位与原因，便于对症下药，探索改进机会，提出改进措施。理论上，外部㶲损失减小主要与过程成本有关，而内部㶲损失多少则取决于过程的推动力或过程速率。例如，减少污水排放（增加污水再利用量），需要增加水处理设备，而高温差、高热通量的传热技术要求必然导致相对高的内部㶲损失。

1.3 烟分析体系怎么界定？

3.1 系统 system

根据研究目的而确定的具有明确边界的分析对象。

注：理论分析时亦称为体系，可以根据一定的研究目的和边界划分原则，将其内部分割成多个子系统（subsystem）。

体系是热力学的基本术语，是需要与外界其他部分明确区分开来的特定研究对象。前面已经多处用到体系的概念，不少地方的讨论都涉及孤立体系、封闭体系和流动体系。体系又是给出热力学分析正确结论的基础条件。换句话说，热力学分析要做的第一件事就是界定体系的边界，明确体系的特性（例如，它是孤立体系、封闭体系还是流动体系；它是稳态的还是动态的等等）与体系的构成（体系内部的分割以及各个分割部分之间的关系等），以及把握体系的输入与输出条件（各种物流与能流的参数）等。

体系有大有小，可能是理论上的，也可能是实际的。有时，将小的（一个测试样品）、理论上的研究对象称为体系，而将大的（一个流程装置）、实际上的研究对象称为**系统**（system）。因为烟分析更多面对的是实际的、复杂的系统，下面的讨论将主要用"系统"表述。

系统的构成可能是复杂的，由多个按某种条件相互关联的部分所组成。这时，可以按某种规则（按照技术特征、管理层次、分析需求、主次关系等）将系统分割成多个子系统。例如，可以将一个甲醇生产企业分割成工艺生产子系统、公用工程子系统（水、冷、热、气、电等供应设施）和生产辅助子系统。前者是主要的，后两者是附属的。工艺生产子系统又可以进一步分割成合成气生产工段、甲醇合成工段、甲醇分离工段与罐区等子系统。公用工程子系统也可进一步分割成供热工段、供冷工段、循环冷却水处理工段等子系统。生产辅助子系统则包括了各种生产管理与控制的附属生产设施。

1.4 为什么要做系统的能量衡算？能量衡算怎么做？

一个不做物料衡算与能量衡算的系统是无法做烟分析的。换句话说，一个系统的物料衡算与能量衡算给出的可靠数据，是后续开展烟分析、获得烟分析有效评估结果的前提。

首先，系统需要做物料衡算，即系统输入物流的质量等于输出物流的质量，写成系统**物料平衡**或称**物料衡算**（mass balance）的关系式有：

$$\sum_i (m)_{in} - \sum_j (m)_{out} = 0 \tag{1-5}$$

式中，数值正号与负号取决于其是输入项还是输出项，凡输入项为正，凡输出项则为负。下标 in 表示输入，故为正号；下标 out 表示输出，故为负号。需要说明，这里的系统均为稳定流动体系（参见 2.3 节）。

基于系统物流与能流的信息，将其分别转化为焓值。例如，某个物流可以根据其温度、压力和化学组成，采用适宜的热力学模型，计算该物流的焓值。功流与热流也可以用焓差（焓值变化）来表示。然后，就可以进行系统的能量衡算，即系统输入焓等于输出焓，写成系统**焓平衡**或称**能量衡算**（energy balance）的关系式有：

$$\sum_i (H)_{in} - \sum_j (H)_{out} = 0 \tag{1-6}$$

或：

$$\sum_i (mh)_{in} - \sum_j (mh)_{out} = 0 \tag{1-6a}$$

式中，数值正号与负号取法与公式（1-5）相同；h 为比焓，其单位为 kJ/kg。

1.5 系统的㶲衡算怎么做？

（1）基于系统输入与输出的㶲衡算

这是关于系统**㶲衡算**（exergy balance）的主要两种方法之一，即输入与输出之间的衡算，就像某个单位的货币收支结算那样考虑系统边界上的总体控制。关于这一点，GB/T 14909—2021 表述如下。

标准原文

5.2 输入与输出之间的㶲衡算

输入与输出之间的㶲衡算按公式（2）计算：

$$E_{in} = E_{out} + I_{int} + \Delta E_{sys} \quad \cdots\cdots\cdots\cdots\cdots\cdots \tag{2}$$

式中：

E_{in} ——输入㶲，单位为千焦或千焦每时（kJ 或 kJ/h）；

E_{out} ——输出㶲，包括收益㶲（产品的㶲值）和外部㶲损失，单位为千焦或千焦每时（kJ 或 kJ/h）；

ΔE_{sys}——㶲在系统内部的积存量，单位为千焦或千焦每时（kJ 或 kJ/h）。

稳定流动系统（如无特殊声明，本文件的系统均属此类）按公式（3）计算：

$$E_{in} = E_{out} + I_{int} \quad \cdots\cdots\cdots\cdots\cdots\cdots\cdots\cdots\cdots \quad (3)$$

绝热设备，以及管路、阀门、孔板、弯头与管件等单元部件内的绝热自发过程的㶲衡算按公式（3）计算。

其中的公式（2）提及㶲在系统内部的积存量 ΔE_{sys}。这个数值仅仅出现在特殊的场合，比如在考核期内一个工厂生产的产品不完全输出，一部分需要储存在系统内。更多的情况是公式（3）所表达的，没有㶲在系统内部的积存量。

需要注意的是，这里有一点是很容易被忽略或发生疑惑的地方，就是公式（2）或公式（3）的输出㶲 E_{out} 里包含了外部㶲损失 I_{ext}。例如，根据公式（3）做系统㶲衡算的统计表不能忽视各项㶲损失，需要分清系统的内部㶲损失 I_{int} 以及外部㶲损失 I_{ext} 的存在。

从这个衡算关系中可以明确看到，一个实际系统的㶲是不守恒的，因为系统的内部㶲损失必然存在，能量的贬值必然存在。

（2）基于系统供给侧与接受侧之间的㶲衡算

这是系统㶲衡算的另外一种方式——将系统视为由㶲供给侧过程和㶲接受侧过程构成。㶲供给侧过程向㶲接受侧过程输出**支付㶲**（donated exergy），其中一部分[即**收益㶲**（accepted exergy）]被㶲接受侧过程接受。支付与收益借助了经济学的概念，支付㶲与收益㶲之间的衡算产生的差值为㶲损失。关于供给侧与接受侧之间的㶲衡算，GB/T 14909—2021 表述如下。

5.3 供给侧与接受侧之间的㶲衡算

㶲供给侧过程的支付与㶲接受侧过程的收益之间的㶲衡算按公式（4）计算：

$$\Delta E_d = \Delta E_a + I \quad \cdots\cdots\cdots\cdots\cdots\cdots\cdots\cdots \quad (4)$$

式中：

ΔE_d——支付㶲，㶲供给侧过程的㶲变化值，单位为千焦或千焦每时（kJ 或 kJ/h）；

ΔE_a——收益㶲，㶲接受侧过程的㶲变化值，单位为千焦或千焦每时（kJ 或 kJ/h）。

各类基本过程（单元设备）的㶲衡算计算式见 A.5。

不同于基于系统输入与输出的㶲衡算，即不同于 GB/T 14909—2021 的公式

（2）和公式（3），系统总㶲损失是㶲衡算公式（4）不可或缺的项目，因此，需要基于 GB/T 14909—2021 的公式（3）去进一步从系统的㶲损失中具体划分出内部㶲损失与外部㶲损失。

另外，有必要拓展开做更多说明，在 GB/T 14909—2005 中曾经采用了另外一种概念阐述支付㶲与收益㶲之间的衡算，即：

$$E_p = E_g + I \tag{1-7}$$

式中，支付㶲 E_p 是指系统输入㶲中用于驱动过程的那部分；收益㶲 E_g 则是指输出㶲中的目的产品所含有的那部分。这就需要明确界定何为支付与何为收益。因为，系统的输入㶲既可能全部用于，又可能并非全部用于支付；系统的输出㶲既可能全部是，又可能并非全部是收益，需要根据系统输入㶲与输出㶲的实际情况逐一确定。通常，系统的输入㶲全部被视作支付㶲，而输出㶲中只有作为产品的那部分被视作收益㶲。

GB/T 14909—2005 的衡算方法尽管存在各种界定支付㶲与收益㶲的认识，但是有一点应该可以统一，即所有为了系统目的收益所付出的代价都应视为支付。换句话说就是，所有为了获得系统输出的物料产品和能源产品而从外界输入的原料和能源所含有的㶲，都应视为支付㶲。相对地，收益㶲的界定则相对清晰，即收益㶲是系统输出的物料产品和能源产品所含有的㶲。

虽然 GB/T 14909—2021 推荐了支付㶲与收益㶲的新衡算方法，但是实际上并不妨碍采用 GB/T 14909—2005 的衡算方法。两者都可行，只是两者的侧重点不同，分析结论不同而已。因为 GB/T 14909—2021 强调的是系统内部过程的耦合与过程之间㶲的授受关系，而 GB/T 14909—2005 侧重表征各种输入㶲与输出㶲的属性（区分出支付、收益和损失）。

1.6 㶲分析有哪些内容与作用？

标准原文

3.9 㶲分析 exergy analysis

以状态函数㶲为量化工具的热力学第二定律过程能量分析方法，该方法以能量不仅具有"数量"，而且具有"质量"的概念，借助㶲效率、㶲损失及其在系统中的分布、能的品位等指标，剖析和评估系统中能的贬值情况及其能量利用的热力学完善度，提出高质量用能的改进措施。

实际上，本书一开始就多次提及"㶲分析"这个术语。但是，说起什么叫㶲分析，还的确需要搞清楚㶲损失和㶲衡算等基本概念才便于展开讨论㶲分析的内涵。概要地，可以从两个方面认识㶲分析的内涵：一是㶲分析包含哪些内容？二是它到底有什么用？

㶲分析所包含的内容可以用实施㶲分析所涉及的一般事项来说明。例如，在 GB/T 14909—2021 的第 7 章 "㶲分析的步骤" 给出了㶲分析的 7 项工作，包括：①确定对象系统；②明确环境参考态的选择；③说明计算依据；④进行焓值与㶲值的计算；⑤进行能量衡算；⑥进行㶲衡算；⑦开展评价与分析。有关这些内容的详细讨论被集中到了本书的第 4 章，当然，读者也可以先翻到后面浏览一下，以获得更多的了解。

当然，如果读者要更深入地了解关于㶲分析的理论和方法，可以在阅读本书的同时再翻阅其他的资料。例如，本书的参考文献就推荐了一些这方面的专门论著。

至于㶲分析的作用，可以理解为它的应用范围。GB/T 14909—2021 对其应用范围界定如下。

1　范围

本文件规定了能量系统㶲分析中㶲的计算、㶲衡算（㶲平衡）、㶲分析的评价指标，以及㶲分析的步骤。

本文件适用于涉及能量利用或能量转换的单元设备、过程、工艺流程或系统的㶲分析；也适用于综合考虑经济性能或者生态环境影响的能量系统㶲分析，以及供能方案规划、能源审计等能源管理工作。

其实，㶲分析是一种理论方法，它的应用仍然在不断拓展之中，也就是这个领域在与时俱进地不断拓展。这里，只能基于 GB/T 14909—2021，用下述几个方面作为代表，给出㶲分析应用范围的一般性介绍。

（1）评价用能系统的㶲效率（热力学完善度）、㶲损失的大小和分布

如前所述，实际用能系统都存在㶲损失；只有理想用能系统的㶲损失为零，不存在过程的热力学代价。实际用能系统的**热力学完善度**（thermodynamic perfectibility）被定义为前者与后者的热力学特性之比。例如，工况相同的实际制冷循环的制冷系数与理想制冷循环的制冷系数的比值，称为实际制冷循环的热力学完善度。显然，其值域为：0 ≤热力学完善度 <1。

关于 GB/T 14909—2021 㶲分析的系统评价指标被集中到了本书的第 3 章，包括**普遍㶲效率**和**目的㶲效率**，这两个定义都取决于系统的㶲损失大小。根据前面㶲损失的讨论可知，系统的㶲损失越小，其能量贬值的程度也就越小，即热力学完善度越高，相应地，系统的㶲效率也越高。类似"单耗（单位产品能源消耗）"的概念，**单位产品的消耗㶲**则表征了过程或系统㶲消耗的特性。另外，GB/T 14909—2021 㶲分析的系统评价指标中还给出了系统的㶲损失分布，包括**局部㶲损失率**和**局部㶲损失系数**。这两个指标描述了系统中子系统的㶲损失在系统整体㶲损失中的占比，或者说它们用于表征系统㶲损失在其子系统的分布情况。

一般，㶲分析结论可以给出系统的整体㶲效率。如果系统由多个子系统构成，则可以给出各个子系统的㶲效率，这是对系统内部情况的深层次描述。显然，这要求更多的系统基础信息和更大的㶲分析数据处理工作量。子系统的㶲效率可以在一定程度上揭示系统产生㶲损失的内部原因，甚至外部原因（根据子系统的外部㶲损失），因为每个子系统通常都具有各自的技术属性和特征。因为系统㶲效率是基于系统边界信息的考量值，对象系统被比喻为"黑箱"，所以这种分析法又被称为黑箱效率评价法，㶲效率被称为黑箱效率。系统的㶲效率也可以用于类型相同系统的评比。另外，系统的㶲损失分布揭示了系统中各类㶲损失发生的具体部位和相对大小，便于把握㶲损失发生的重点位置。

（2）把握过程推动力的度，系统能量集成与优化

前面曾论及㶲损失的大小取决于**过程推动力**（process driving force）或过程速率。各种物理过程与化学过程的推动力各有不同。例如，热量传递的推动力可以是温度差，动量传递的推动力可以是压力差，质量传递和化学反应的推动力是物质的化学势差。过程速率是物理过程或化学过程在单位时间内的变化。过程进行的速率决定设备的生产能力，过程速率越快，设备生产能力也越大，或者达到同样产量时所需的设备尺寸越小。过程速率与过程推动力之间存在如下关系：

$$过程速率 = 过程推动力 / 过程阻力 \tag{1-8}$$

通常，一定的过程速率（例如某种设备单位时间的生产能力）是一个生产的技术要求，而设备的过程阻力（例如换热器原件的热阻）由设备构型及其操作工况（例如温度、压力与流量等）所决定。受公式（1-8）的约束，基于给定过程速率，通过调控过程推动力和过程阻力，以获得更佳的节能效果。例如，通过温度差控制热量传递过程，通过化学势差控制化学反应过程等。借助㶲分析通常可以发现，系统中许多过程的推动力设置是过度的。例如，温度差过大，压力差过大等。在一定的技术经济条件下，如果可以调节这些过大的推动力，合理匹配过程之间的能量供需，就可以有效减小系统的㶲损失，提高系统的热力

学完善度，减少公用工程的消耗。

GB/T 14909—2021 的㶲分析的系统评价指标中给出了**能量品位**，包括物质的能量品位和过程的能量品位，简称物质品位和过程品位。过程品位分析是把握过程推动力的有效工具之一。例如，石油化工、钢铁冶金、建筑材料、能源动力等过程工业往往是重点能源消耗行业。多年来，以㶲分析方法为基础发展出了许多过程系统集成技术。例如能量有效利用图示系统集成方法、过程品位分析法等，通过降低系统㶲损失以及优化过程推动力（过程品位差）设置，提出系统节能的工艺改进措施，进而可以构建出先进的流程工艺（节能技术设备、操作条件与流程构型等）。

（3）评估能源、燃料、物流等的品位，开展供能方式评价

GB/T 14909—2021 中给出的能量品位分析指标分成两类，即过程品位分析和物质品位分析；前者对象是用能过程与系统，后者则是某种物质形态的热力学体系，例如某个工艺物流、某种可再生燃料。

前已述及，过程品位分析有助于过程推动力的适度把握，此外能量品位分析法还可以用于供能方式评价，包括区域能源供应类型与结构、区域供热或供暖等。

另外，将物质品位分析应用于燃料或某种可再生燃料，则可以定量评价对象能源的品级，从而切实把握过程用能特性，以便决策能源技改的可行性。例如，近年来人们不仅关注提高传统矿物燃料的利用效率，而且关注开发新的能源，包括低阶煤和非常规油气（页岩油、煤层气）等矿物燃料，以及可再生燃料如生物柴油、生物乙醇、纤维素燃料、沼气和城市垃圾等。其中，可再生燃料的迅速发展日渐显示着未来巨大的技术需求，而 GB/T 14909—2021 的物质品位分析法可以提供有效的评估手段。

（4）评估节能技术改进的潜力与可行性

工业界和政府部门越来越认识到㶲分析结果可以深化对对象系统能量利用特性的认识，有助于获得正确的节能方案与技术改造的决策，有助于促进对能源消费过程的计划、组织和控制等一系列工作（Rosen M A, 2013）。能源管理部门和能源审计部门也日益认识到，采用㶲分析方法有助于用能过程和用能系统的节能管理和能耗控制。

能源审计是"审计单位依据国家有关的节能法规和标准规范，对企业能源利用过程进行的检验、核查和分析评价。审计的目的在于发现能源利用中存在的问题，判断问题产生的原因，查找节能潜力，提出改进措施和建议"（GB/T 17166—2019《能源审计技术通则》）。可见，㶲分析的目的与其完全相同。能源审计要求企业做物料平衡与能量平衡，并给出分析报告。在此基础上的㶲衡算

可以大大深化与丰富能源审计工作，提升能源管理水平。特别是在企业能源技改评价方面，㶲分析的结果可以给出技改潜力与可行性的定量判据。

（5）环境影响评估与开展可持续性研究

能源在国民经济中具有特别重要的战略地位。以我国的情况为例，随着我国的经济快速发展，大量消耗能源带来的能源短缺已经不仅仅是一个能源问题，与能源利用紧密相关的环境污染严峻形势已成为影响我国经济社会可持续发展的重要课题，同时大量消耗化石燃料带来的气候变化问题也是国际社会普遍关心的重大全球性问题。

有研究者认为，㶲是将能源、环境和可持续发展三者结合起来的一个理论工具，具有跨学科特性，可以在这些领域直接建立联系，可以在解决可持续发展的问题和广泛的地方、区域和全球环境问题方面发挥积极的作用（Dincel, 2013）。多年来，不少研究者将㶲函数与产品生命周期评价等环境分析方法结合，将㶲分析从传统的过程工业应用领域拓展到经济、环境和生态方面，提出了㶲经济分析、㶲环境分析、㶲生态分析等新的方法（参见附录 C 的案例，C.10、C.11 和 C.12），获得了许多信息内容更为丰富、评价结果更为深刻的认知。

第2章

数据：如何获得
㶲分析所需要的
数据？

　　㶲分析的评价对象或为封闭体系，或为流动体系。流动体系往往由一系列进出体系的物流和能流构成，热力学采用两个状态函数来表征这些物流和能流的能量特性，就是焓和㶲。焓表征能量的数量，㶲表征能量的质量。换言之，它们分别表征物流和能流所拥有能量的数量多少以及这些能量的品质如何。类似地，热力学采用内能和㶲表征封闭体系的能量特性。开展㶲分析的基本工作是把握必要的数据，也就是基于评价对象所处状态下的内能和㶲或者焓和㶲的具体数值。

　　概括地说，可以有三种方法获得㶲分析所需要的数据：一是基于数值计算，二是借助计算机软件，三是查阅手册与文献，其中还包括检索各类数据库（例如网络、数据中心等）。当然，也可以把以上两种或三种方法结合起来。

　　本章针对 GB/T 14909—2021 标准正文和标准附录中焓值和㶲值计算做标准内容释义，主要介绍㶲分析需要哪些数据及其数值计算方法。具体内容包括：

　　① 环境参考态是怎么回事儿？
　　② 功和热的㶲怎样计算？
　　③ 体系的㶲值怎样计算？
　　④ 物质的㶲和焓怎样计算？
　　⑤ 负环境压力下㶲和焓怎样计算？

本章论及的是获取㶲分析所需数据的第一种方法，即㶲分析数据的计算原理和方法。因为它是 GB/T 14909—2021 阐述的方法，而本书是 GB/T 14909—2021 的释义。实际上，无论利用这些方法直接手算、编程计算或借助计算机软件做数值计算，还是查阅文献及检索数据库，都需要掌握本章所述及的计算原理和方法。从本书目录可以看到，获取㶲分析所需数据的第二种方法和第三种方法的有关介绍和信息是以附录形式给出的（详见本书附录 B 㶲分析的计算机软件、附录 A 㶲分析的数据表和参考文献）。

2.1 环境参考态是怎么回事儿？

（1）为什么要设立环境参考态？

处于热力学平衡条件下的体系，其状态是确定的。热力学用一系列物理量（宏观性质）表征体系的能量特性，例如内能、焓和㶲，它们被称为**状态函数**（state function）。状态函数分为两类：与物质的量有关的称为强度性质，无关的称为广度性质。例如比焓、比㶲为强度性质，它们的单位是千焦每千克（kJ/kg）。状态函数有很多特征，例如它们之间相互关联、相互制约。其变化值只取决于体系的始态和终态。是否具有与积分路径无关的特性，是鉴别状态函数的判据。另外，状态函数没有绝对值，其数值大小取决于给定的参考态，而这个参考态通常是依照某种考虑或者说是为了分析方便与需要来选取的。例如周知的水蒸气表，其中的内能值和焓都是基于水蒸气表特定参考态的**规定值**。

需要解释一下**绝对熵**。所谓绝对熵，即假设纯物质在 0 K（热力学温度）时的熵为零，以此为参考态而确定的体系熵值。然而，热力学第三定律说，0 K 时一切完美晶体的熵值等于零。而所谓完美晶体是指没有任何缺陷的规则晶体。实际上晶体不可能极尽完美，换句话说，第三定律的这个结论是"绝对零度不可达到"。也就是说，所谓的绝对熵也是个规定值。

言归正传，说到状态函数㶲的参考态规定就更为严苛，而不像一般状态函数那样相对随意。

① 首先，㶲是评价体系能量质量的状态函数，其参考态应该是一个做功能力为零的状态，有人称此状态为"寂态"或"死态"，即此状态下的能量虽有数量但无质量。

② 其次，考虑到㶲的理论概念（如第 1 章中述及的㶲的定义），㶲的参考态规定必须使所有偏离该状态的体系之㶲值恒为正值，否则意味着该状态的规定存在瑕疵。

③ 当然，这个状态是一个普遍化的，也就是说，所有待评价体系都可以与此状态关联，以确定其㶲值。

（2）㶲的环境参考态怎样设定？

一般，热力学将对象系统以外的空间统称为**外界**。这是一个非常宽泛的概念，没有特别的限定。例如，外界可以是变动的或不限定的，而**环境**则是与热力学评价对象体系密切相邻的外界。可以认为它是外界的一部分，往往还具有特殊的限制条件。例如，**环境参考态**（environmental reference state）就是这样一种情况。环境参考态是一个理想的外界。一方面，它的设定一定程度地联系了实际——参照了人类所处地球生态环境的空间构成与状态；另一方面，它又是理想的——认为这是一个容量足够大、稳定不变的状态。换言之，环境参考态的强度性质（温度、压力、化学势）不会因为与某个体系发生能量传递或质量传递而变化。

3.2 环境参考态 environmental reference state

一个具有限定条件的理想化的外界，由处于完全平衡状态下的大气、地表和海洋等地球范畴中的选定基准物质体系（见 4.1）所组成，同时具有 298.15 K（25 ℃）的环境参考态温度和 100 kPa 的环境参考态压力（见 7.2），是㶲分析计算的数值基准。

GB/T 17781—1999《技术能量系统 基本概念》（即 ISO 13600）的环境概念模型奠定了 GB/T 14909—2021 的环境参考态基础。图 2-1 是这一环境概念模型的示意性描述。中心的技术能量系统（技术圈）是能量分析的评价对象，围绕技术能量系统的有生物圈（人类居于其中）、大气圈、水圈、岩石圈和地心圈。通常，㶲值的环境参考态基于地球表面的情况来确定，即设定一个类似地球表面的理想状态，具有特定的温度、压力和化学势，该状态的㶲值为零，而所有在温度、压力和化学势任意一方面偏离此状态的体系均具有正的㶲值。

图 2-1 技术能量系统及其相关的环境

这里要特别解释一下，环境参考态温度为什么要取 298.15 K（25 ℃）？而环境参考态压力又为什么要取 100 kPa？其实理由很简单，就是从权威手册或权威专著查阅到的㶲分析所需的热力学数据，例如**标准生成焓**（standard enthalpy of formation）、**标准生成 Gibbs 自由能**（standard Gibbs free energy of formation）等，通常都是这个温度和压力下的数据。

在 1982 年以前，国际纯粹与应用化学联合会（International Union of Pure and Applied Chemistry，IUPAC）曾经采用 101.325 kPa（1 atm）作为**标准状态**（standard state）的压力。化学界曾一度将**标准温度**和**标准压力**（standard pressure）定义为 273.15 K（0 ℃）及 101.325 kPa。然而，从 1982 年起，IUPAC 将标准压力重新定义为 100 kPa，同时还规定了一个专用的特殊符号"$p^{\ominus}$"，而这个上标也时常被特别地标注在化学热力学性质上。例如，标准生成焓 $\Delta_f H^{\ominus}$ 和标准生成 Gibbs 自由能 $\Delta_f G^{\ominus}$。可是 IUPAC 的标准状态只规定了压力，却没有指定温度。言外之意，所谓标准状态强调的是该状态的压力是否标准。然而，为了便于比较，IUPAC 推荐选择 298.15 K 作为参考温度。这就是化学热力学数据通常取此温度和压力来表示标准化学热力学性质数据的原因。1993 年以前，我国也曾规定标准压力为 101.325 kPa，但是从 1993 年起，根据 GB/T 3102.8—93《物理化学和分子物理学的量和单位》采取了 $p^{\ominus}$=100 kPa 的规定。

（3）GB/T 14909—2021 采用的环境参考态的温度、压力条件和化学条件

GB/T 14909—2021 规定，一般情况下㶲的环境参考态的温度和压力条件分别为 298.15 K（25 ℃）和 100 kPa。环境参考态的化学条件指的是，处于上述温度和压力条件下的一系列**基准物质**，即由此构成的一个**环境参考态下的基准物质体系**（system of standard substances）。基准物质是相对元素而言，即相对于某种元素来确定某种基准物质。如同 GB/T 14909—2021 的表述，氢的基准物质是纯水（水圈），此外的元素的基准物质被分成两大类，一类是大气（大气圈）所含物质，另一类是其他物质（生物圈、岩石圈和地心圈）。可以看出，GB/T 14909—2021 规定的这个状态是理想的。显然，地球表面的温度与压力不可能均一，大气也不是不含水的干空气，包括水在内的所有物质都不可能是纯的。关于环境参考态的温度、压力条件和化学条件，GB/T 14909—2021 的具体表述如下。

标准原文

4.1 㶲的计算基准

㶲值以环境参考态作为计算基准。

环境参考态基准物质体系的基准物质为表 1 中所列的纯物质。其中特别规定，大气物质所含元素的基准物质取大气中的对应成分，其组成如表 2 所示，即在上述环境参考态温度和压力条件下的干空气；氢的基准物质设为液态纯水。

表1　元素的基准物质（仅为内容示例，详见附录 A.1）

元素	基准物质	元素	基准物质	元素	基准物质
Ag	AgCl	H	H_2O	Pr	PrF_3
Al	Al_2O_3	He	He（空气）	Pt	Pt
Ar	Ar（空气）	Hf	HfO_2	Rb	Rb_2SO_4
B	H_3BO_3	I	PdI_2	S	$CaSO_4·2H_2O$
Ba	$Ba(NO_3)_2$	In	In_2O_3	Sb	Sb_2O_5
C	CO_2（空气）	La	LaF_3	Sm	$SmCl_3$
Ca	$CaCO_3$	Li	$LiNO_3$	Sn	SnO_2
Cl	NaCl	Mn	MnO_2	Tb	TbO_2
⋮	⋮	⋮	⋮	⋮	⋮

表2　环境参考态下的大气组成

组分	N_2	O_2	Ar	CO_2	Ne	He
组成（摩尔分数）	0.780 85	0.209 477	0.009 34	0.000 314	$1.818×10^{-5}$	$5.24×10^{-6}$

（4）特殊情况下 GB/T 14909—2021 对环境参考态的规定方法

GB/T 14909—2021 并未限定上述规定可以对应所有㶲分析的场合。GB/T 14909—2021 的 7.2 部分给出了如下说明。

标准原文

7.2　明确环境参考态的选择

一般情况下宜采用本文件的环境参考态（见 4.1）；涉及化学反应和物质品位等物质组成的㶲分析，应采用本文件的环境参考态；如需酌情选择其他的环境参考态温度与（或）环境参考态压力，应予以特别说明（参见附录 B 的 B.1）；相互比较的㶲分析，应采用相同的环境参考态。

"涉及化学反应和物质品位等物质组成的㶲分析，应采用本标准的环境参考态"的原因在于，GB/T 14909—2021 环境参考态的基准物质体系是根据 IUPAC 推荐的标准状态无机物热力学物性数据库推算出来的，这一数据库的温度与压力条件分别为 298.15 K（25 ℃）和 100 kPa。在此基础上，GB/T 14909—2021 给出了**元素的标准㶲和标准焓**。这些数据是开展化学反应和物质品位等物质组成的㶲分析的基础。

在"如需酌情选择其他的环境参考态温度与（或）环境参考态压力"的某些特殊场合，可以参考 GB/T 14909—2021 附录 B.1 的方法。至于"负环境压力（低于 100 kPa 压力）状态下㶲值和焓值的计算"可能出现的问题，集中放在本章最后讨论。

2.2 热和功的㶲怎样计算？

首先，需要说明一下功和热的概念。热力学认为，体系与环境或体系与其他体系之间的能量传递只有两种方式，即热和功。因温差的存在导致体系与环境或体系与其他体系之间发生能量传递，即分子无序运动的能量交换，称为传热（过程），传递的能量数量称为**热**或热量。除此之外，体系与环境或体系与其他体系之间各种形式的能量传递均称为做功（过程），即分子有序运动的能量交换，传递的能量数量称为**功**或机械功。通常，热和功分别以符号 Q 和 W 表示。

功又被分为体积功和非体积功，具体的种类有体积功、机械功、电功、重力功、表面功等。这些类型的功分别有其特定的参数：外压和体积、力和位移、电压和电量、重量和高度、表面张力和表面积等。

此前讨论的内能、焓、熵和㶲都是**状态函数**，与它们不同，热和功都是过程函数。换言之，热和功与体系的初始状态和终了状态以及发生能量传递的过程性质有关。所以，数学上热和功都不具有全微分的性质，微小量的变化只能表示为 δQ 和 δW。体系从外界吸热或接受功时，功或热为正值，即 $Q > 0$ 或 $W > 0$；体系向外界放热或做功时，功或热为负值，即 $Q < 0$ 或 $W < 0$。

（1）功的㶲如何计算？

㶲表征能量的做功能力，所以，GB/T 14909—2021 给出**功的㶲**（exergy of shaft work）的下述计算方法很容易理解。

标准原文

A.1.1 功的㶲

功全部为㶲，其值按照公式（A.1）计算：

$$\Delta E_{\mathrm{w}} = W \qquad \cdots\cdots\cdots\cdots\cdots\cdots\cdots \text{（A.1）}$$

式中：

ΔE_{w}——㶲值变化（以下简称㶲变），单位为千焦或千焦每时（kJ 或 kJ/h）；

W ——功（包括体积功、机械功、电功、重力功、表面功等），单位为千焦或千焦每时（kJ 或 kJ/h）。

（2）热量的㶲如何计算？

通常，相对于环境温度，人们把热分成两类：高于环境温度的称为热量，而低于环境温度的称为冷量。关于传热过程中**热量或冷量的㶲**（exergy of heat or cold capacity），GB/T 14909—2021 给出了下述计算方法。

标准原文

A.1.2　热量的㶲

热量或冷量所含的㶲按照公式（A.2）计算：

$$\Delta E_{\mathrm{q}} = \int_{T_0}^{T}\left(1-\frac{T_0}{T}\right)\delta Q \qquad\qquad\text{（A.2）}$$

式中：

ΔE_{q}——热量或冷量所含的㶲，单位为千焦或千焦每时（kJ 或 kJ/h）；

T_0　——环境参考态温度，单位为开（K）；

T　——体系的温度，T 可以高于 T_0，也可以低于 T_0，单位为开（K）；

Q　——过程中传输的热或冷，单位为千焦或千焦每时（kJ 或 kJ/h）。

若热源温度恒定，其热量所含的㶲见公式（A.3）：

$$\Delta E_{\mathrm{q}} = Q\left(1-\frac{T_0}{T}\right) \qquad\qquad\text{（A.3）}$$

若体系温度是变化的，其热量或冷量所含的㶲按照公式（A.4）计算：

$$\Delta E_{\mathrm{q}} = m\int_{T_0}^{T}c_p\left(1-\frac{T_0}{T}\right)\mathrm{d}T \qquad\qquad\text{（A.4）}$$

式中：

m——物质质量，单位为千克或千克每时（kg 或 kg/h）；

c_p——定压比热容，是随温度而变化的函数，单位为千焦每千克开 [kJ/(kg·K)]。

上式中的定压比热容是温度的函数，即随温度而变化。如果将其设为恒定值，作为一个常量，则上述积分式可以改写为：

$$\Delta E_{\mathrm{q}} = mc_p\left[(T-T_0)-T_0\ln\left(\frac{T}{T_0}\right)\right] \qquad\qquad\text{（2-1）}$$

如果传热过程中，体系的初始温度与终了温度分别为 T_1 和 T_2，则：

$$\Delta E_{\mathrm{q}} = mc_p\left[(T_2-T_1)-T_0\ln\left(\frac{T_2}{T_1}\right)\right] \qquad\qquad\text{（2-1a）}$$

前已述及，热和功都是过程函数。需要引起注意，在 GB/T 14909—2021 的公式（A.1）和公式（A.2）中，热量的㶲和功的㶲都以状态函数差值（变化值）的特有符号"Δ"表示。因为热量的㶲和功的㶲也都是过程量而不是状态量，这一点往往被忽视。

> **计算例 热量的㶲**
>
> 传热过程㶲的计算案例见本书的附录 C.6 锅炉的㶲分析、C.8 建筑暖通空调系统㶲分析和 C.9 能量集成与㶲分析：芳烃分离系统。

2.3 体系的㶲值怎样计算？

（1）稳定流动体系的㶲

如果一个流动体系内各点参数不随时间变化，则称为**稳定流动体系**（steady flow system），否则称为非稳定流动体系。所谓稳定流动，具体来说，就是流道中任何位置上流体的状态及流速、流量等都不随时间变化而始终保持稳定；流体在各个截面上的状态及对外热交换、功交换都不随时间改变，且流入截面的流量与流出截面的流量相等。图 2-2 示意性地表示了一个流入的水与流出的水几乎相等，处于稳定流动中的水池。显然，稳定流动是一个理想化的概念，但在热力学分析中却是非常重要的常用概念。通常，以稳定流动体系作为确认热力学状态函数以及过程函数的基本条件。

关于稳定流动体系的㶲，GB/T 14909—2021 给出了下述计算方法。

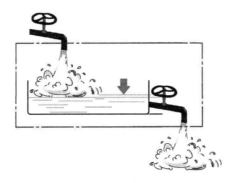

图 2-2　处于稳定流动中的水池

A.2.1　稳定流动体系的㶲

在不计动能与位能时，处于给定状态下稳定流动体系的㶲按照公式（A.5）计算：

$$E = (H - T_0 S) - (H_0 - T_0 S_0) \quad\cdots\cdots\cdots\cdots\cdots\cdots \text{（A.5）}$$

式中：

H，H_0 ——分别为给定状态和环境参考态下体系的焓，单位为千焦或千焦每时（kJ 或 kJ/h）；

S，S_0 ——分别为给定状态和环境参考态下体系的熵，单位为千焦每开或千焦每开时 [kJ/K 或 kJ/(K•h)]。

从状态 1 变化到状态 2 稳定流动体系的㶲变按照公式（A.6）计算：

$$E_2 - E_1 = (H_2 - T_0 S_2) - (H_1 - T_0 S_1) \quad\cdots\cdots\cdots\cdots\cdots \text{（A.6）}$$

式中：

E_1，E_2 ——分别为状态 1 和状态 2 下体系的㶲，单位为千焦或千焦每时（kJ 或 kJ/h）。

公式（A.5）和公式（A.6）是㶲的普遍化基础式，公式（A.5）也被作为稳定流动体系㶲的定义式。该式适用于纯物质体系，也可以用于混合物体系。

上述式子中焓值与熵值可以由多种方法确定，或选用以下三种方法之一，或将两种以上方法结合起来获取数据。

① 根据焓与熵的基本热力学关系式计算。这需要查阅有关书籍、数据、模型等。比如，读者可以参阅教材 *Introduction to Chemical Engineering Thermodynamics*（Smith J M，2017）和《流体与过程热力学》（郑丹星，2010）的物性学部分，即该书的第 2 章、第 3 章和第 6 章。

② 有些对象体系比较简单或常用，例如某些燃料和工质，像水和水蒸气、氨等，可以直接从某些专门手册上查得数据，或者可以尝试从一些软件或数据库系统获得。但是需要注意，无论从何处得到的数据，特别从多个渠道得到的数据，都需要确认：参与加和计算的焓值或熵值必须采用相同的参考态，否则应选择统一基准，予以校正。

③ 对于复杂体系，例如混合物，通常需要借助适当的热力学物性计算软件，以获得所需的焓值与熵值。关于这一点可以参阅本书的附录 B 㶲分析的计算机软件。

计算例

稳定流动体系的㶲

稳定流动体系㶲的计算案例见本书的附录 C.5 管路流体输送过程的㶲分析。

（2）封闭体系的㶲

热力学将封闭体系定义为与外界虽然没有物质交换，但有能量交换的体系。例如，一个暂时放置不用的煤气罐或一个停止输入和输出的封存贮油罐。

关于封闭体系的㶲，GB/T 14909—2021 给出了下述计算方法。

A.2.2　封闭体系的㶲

处于给定状态下封闭体系的㶲按照公式（A.7）计算：

$$E = \left(U - T_0 S + p^{\ominus} V\right) - \left(U_0 - T_0 S_0 + p^{\ominus} V_0\right) \quad \cdots\cdots\cdots\cdots \text{（A.7）}$$

式中：

$p^{\ominus}$ ——环境参考态压力，单位为千帕（kPa）；

V，V_0——分别为给定状态和环境参考态下体系的体积，单位为立方米（m^3）；

U，U_0——分别为给定状态和环境参考态下体系的热力学能，单位为千焦（kJ）。

从状态 1 变化到状态 2 封闭体系的㶲变按照公式（A.8）计算：

$$E_2 - E_1 = \left(U_2 - T_0 S_2 + p^{\ominus} V_2\right) - \left(U_1 - T_0 S_1 + p^{\ominus} V_1\right) \quad \cdots\cdots\cdots\cdots \text{（A.8）}$$

式中：

U_1，U_2——分别为状态 1 和状态 2 下体系的热力学能，单位为千焦（kJ）；

V_1，V_2——分别为状态 1 和状态 2 下体系的体积，单位为立方米（m^3）；

S_1，S_2——分别为状态 1 和状态 2 下体系的熵，单位为千焦每开（kJ/K）。

封闭体系的㶲

封闭体系㶲的计算案例见本书的附录 C.4 封闭体系的㶲变计算：压缩封闭在气缸内的空气。

2.4　物质的㶲和焓怎样计算？

读者可能会有疑问，㶲分析为什么要展开讨论焓的计算呢？因为，能量品位分析法是 GB/T 14909—2021 的新特色，而能量品位的有关计算需同时掌握体系的焓值和㶲值信息（详见 GB/T 14909—2021 的 6.4 能量品位）。

3.7 能量品位 energy grade

单位能量中含有的做功能力，即处于给定状态下体系的㶲值与焓值之比（物质的能量品位）和用能过程中体系发生的㶲值变化与焓值变化之比（过程的能量品位）。

注：物质的能量品位和过程的能量品位又分别简称为物质品位和过程品位。

物质的品位分析需要同时计算任意给定状态下体系的㶲值和焓值，以此来确定体系的品位值。能量品位分析将集中到第 3 章讨论，这里集中讨论物质的标准㶲和标准焓的计算方法。

2.4.1 物质的标准㶲和标准焓

GB/T 14909—2021 不仅规定了㶲的计算基准——环境参考态，而且把这一状态作为焓的计算基准。如下所示，GB/T 14909—2021 给出了物质的标准㶲和标准焓以及物质品位的定义。

3.6 标准㶲与标准焓 standard exergy and standard enthalpy

处于环境参考态温度、环境参考态压力下单质或化合物的㶲值和焓值（见 A.3）。

GB/T 14909—2021 将物质的**标准㶲**（standard exergy）和**标准焓**（standard enthalpy）分三方面予以规定：

①"化学元素的标准㶲和标准焓"给出了物质的标准㶲和标准焓的计算基础数据。

②"化合物标准㶲和标准焓"规定了化学组成明确且已知必要热力学物性的化合物的标准㶲和标准焓的计算方法。大多数应用属于这种情况。

③"燃料标准㶲和标准焓的估算"规定了一种基于燃烧热数据，估算化学组成难以确定的复杂燃料的标准㶲和标准焓的计算方法。

（1）化学元素的标准㶲和标准焓

化学元素指自然界中一百多种基本的金属和非金属元素，只由一种原子组成，并构成了一切物质。常见的**化学元素**有氢、氮和碳。元素是组成物质的基本成分，由同种元素组成的纯净物通常称为**单质**。

GB/T 14909—2021 给出了化学元素的标准㶲和标准焓数据，如下表。

A.3.1.1　化学元素的标准㶲和标准焓

化学元素的标准㶲和标准焓见表 A.1。

表 A.1　化学元素的标准㶲和标准焓（仅为内容示例，详见附录 A.2）

元素	标准㶲 kJ/mol	标准焓 kJ/mol	元素	标准㶲 kJ/mol	标准焓 kJ/mol	元素	标准㶲 kJ/mol	标准焓 kJ/mol
Ag(s)	86.682	99.412	H	117.595	137.079	Pr	978.331	1 000.363
Al	788.246	796.683	He	30.140	67.764	Pt	0	12.403
Ar	11.585	57.723	Hf	1 057.185	1 070.184	Rb	354.783	377.664
As	386.237	396.880	Hg	134.914	157.542	Rh	0	9.392
Au	0	14.162	Ho	967.785	990.144	Ru	0	8.497
┆			┆			┆		

（2）化合物标准㶲和标准焓

对应单质，由两种或两种以上不同元素且以一定比例构成的纯净物叫**化合物**，其组成可以用化学式表示。单质与化合物都是具体的物质，都是元素的存在形式。需要明确元素、单质、化合物三者的主要区别：元素可以组成单质和化合物，而单质不能组成化合物。

GB/T 14909—2021 给出了化合物标准㶲和标准焓的如下计算方法。

A.3.1.2　化合物的标准㶲和标准焓

化合物（$A_aB_bC_c$）的标准㶲按照公式（A.9）计算：

$$E^{\ominus}\left(A_aB_bC_c\right) = \Delta_f G^{\ominus}\left(A_aB_bC_c\right) + aE^{\ominus}(A) + bE^{\ominus}(B) + cE^{\ominus}(C) \quad\cdots\cdots\cdots \text{（A.9）}$$

式中：

$\Delta_f G^{\ominus}\left(A_aB_bC_c\right)$ ——化合物 $A_aB_bC_c$ 的标准生成吉布斯自由能，单位为千焦每摩尔（kJ/mol）；

a, b, c ——分别为元素 A、B 和 C 的化学计量数；

$E^{\ominus}(A), E^{\ominus}(B), E^{\ominus}(C)$——分别为元素 A、B 和 C 的标准㶲，单位为千焦每摩尔（kJ/mol）。

化合物（$A_aB_bC_c$）的标准焓按照公式（A.10）计算：

$$H^{\ominus}\left(A_aB_bC_c\right) = \Delta_f H^{\ominus}\left(A_aB_bC_c\right) + aH^{\ominus}(A) + bH^{\ominus}(B) + cH^{\ominus}(C)$$

$$\cdots\cdots\cdots\cdots\cdots\cdots\cdots \text{（A.10）}$$

式中：

$\Delta_f H^{\ominus}(A_aB_bC_c)$ ——化合物 $A_aB_bC_c$ 的标准生成焓，单位为千焦每摩尔（kJ/mol）；

$H^{\ominus}(A), H^{\ominus}(B), H^{\ominus}(C)$——分别为元素 A、B 和 C 的标准焓，单位为千焦每摩尔（kJ/mol）。

上述计算方法有两个前提，一是需要已知化合物的化学式，以确定构成化合物的化学元素以及元素的化学计量数（原子个数）。据此，就可以从前面述及的 GB/T 14909—2021 的表 A.1 查取相应的元素标准㶲或标准焓。另一个前提是需要已知化合物的标准生成 Gibbs 自由能和标准生成焓。通常，这两个数值可以从相关的中文或外文热力学性质手册查取；例如 *Thermochemical Data of Elements and Compounds*（Binnewies M, 2002）等。当然，也可以通过其他手段获得，例如检索某个数据系统。可能有些特殊化合物的数据实在查不到，可以根据标准生成 Gibbs 自由能和标准生成焓的估算方法计算。一些文献和专著介绍了一些估算方法，例如 *The Properties of Gases and Liquids*（Poling B E, 2000）。

需要注意的是，数据源的温度与压力条件应该尽量与 GB/T 14909—2021 规定的环境参考态一致，也就是说，应尽量选择温度和压力条件分别为 298.15 K 和 100 kPa 的数据源。

计算例

化合物标准㶲和标准焓

化合物标准㶲和标准焓的计算案例见本书的附录 C.1 物质㶲值与焓值的计算。

基于同样的方法，GB/T 14909—2021 给出了 102 种常见无机化合物以及 45 种常见有机化合物的标准㶲和标准焓数值，下面只给出一部分。如果恰好是读者所需，就不必另外计算了。

标准原文

由此计算，表 A.2 列出了部分常见单质和无机化合物（102 种）的标准㶲和标准焓数值，表 A.3 列出了部分常见有机化合物（45 种）的标准㶲和标准焓数值。

表 A.2　部分单质和无机化合物的标准㶲和标准焓（仅为内容示例，详见附录 A.3）

化合物	聚集态	标准㶲 kJ/mol	标准焓 kJ/mol	化合物	聚集态	标准㶲 kJ/mol	标准焓 kJ/mol
AgBr	s	15.411	47.343	KIO_3	s	12.192	57.213
$AgNO_3$	s	59.411	101.420	$KMnO_4$	s	122.551	173.833
CO_2	g	20.033	83.772	NaBr	s	37.783	63.658
CoF_3	s	155.543	183.748	Na_2CO_3	s	90.052	131.438
┊	┊	┊	┊	┊	┊	┊	┊

表 A.3　部分有机化合物的标准㶲和标准焓（仅为内容示例，详见附录 A.4）

化合物	聚集态	标准㶲 kJ/mol	标准焓 kJ/mol	化合物	聚集态	标准㶲 kJ/mol	标准焓 kJ/mol
CH_4	g	830.426	885.962	$CH_3COOC_2H_5$	l	2136.528	2194.263
C_2H_6	g	1494.663	1562.965	$(CH_3)_2O$	g	1416.001	1495.378
C_3H_8	g	2149.000	2229.569	HCHO	g	545.175	610.317
C_4H_{10}	g	2800.937	2894.173	CH_3CHO	g	1160.411	1239.221
┊	┊	┊	┊	┊	┊	┊	┊

（3）燃料标准㶲和标准焓的估算

混合物是单质和化合物在自然界中的存在形式。混合物由不同种单质和化合物混合而成，没有确定的组成比例，也无法用一种化学式表示。常见的燃料通常是混合物，成分与化学组成很复杂。即使是经过加工提纯的焦炭、汽油和液化石油气等化学品也是如此。近年人们关注的一些"未来燃料"的组成也很复杂，例如中低阶煤、页岩油气等，又如沼气、生物柴油、纤维素燃料、城市垃圾等可再生燃料，都是成分难以确定的混合物。

虽然复杂燃料的化学组成难以辨析，但却可以通过各种实验测定获得其燃烧热值。例如，针对泥炭、褐煤、烟煤、无烟煤和炭质页岩的发热量测定。GB/T 213—2008《煤的发热量测定方法》规定了利用氧弹测定煤的高位发热量（高热值）的方法以及计算低位发热量（低热值）的方法。实际上，利用文献检索等方式也有可能获取某种给定燃料的燃烧热值。另外，一些估算方法可以基于对象燃料的元素组成计算燃烧热值，而一些仪器分析（例如质谱分析）可以测定复杂燃料的元素组成。

GB/T 14909—2021 给出了燃料标准㶲和标准焓的如下计算方法。

标准原文

A.3.1.3 燃料标准㶲和标准焓的估算

对于未知化学组成的燃料（例如，低阶煤、页岩油以及各种可再生燃料等），基于燃料的高热值或低热值，可由以下方法估算其标准㶲和标准焓。

燃料的标准㶲按照公式（A.11）、公式（A.12）和公式（A.13）计算：

$$E_g^\ominus = a_g \left(\Delta_c H_g\right)^2 + b_g \Delta_c H_g + c_g \left(12400 < \Delta_c H_g < 55200\right) \quad \cdots\cdots \quad (A.11)$$

$$E_l^\ominus = a_l \left(\Delta_c H_l\right)^2 + b_l \Delta_c H_l + c_l \left(5500 < \Delta_c H_l < 48600\right) \quad \cdots\cdots \quad (A.12)$$

$$E_s^\ominus = a_s \left(\Delta_c H_s\right)^2 + b_s \Delta_c H_s + c_s \left(2800 < \Delta_c H_s < 44400\right) \quad \cdots\cdots \quad (A.13)$$

式中：

$E_g^\ominus$，$E_l^\ominus$，$E_s^\ominus$ ——分别为气态、液态和固态燃料标准㶲的估算值，单位为千焦每千克（kJ/kg）；

$\Delta_c H_g$，$\Delta_c H_l$，$\Delta_c H_s$ ——分别为气态、液态和固态燃料的高热值或低热值，单位为千焦每千克（kJ/kg）；

a_g, b_g, c_g；a_l, b_l, c_l；a_s, b_s, c_s——分别为燃料高热值或低热值的对应项系数，从表 A.4 中选取。

表 A.4　采用高热值或低热值时公式（A.11）、公式（A.12）和公式（A.13）的系数

聚焦态	公式	燃烧热 kJ/kg	a	b	c
气态 (g)	(A.11)	高热值	-1.2983×10^{-6}	1.0561	-9.4419×10^{2}
		低热值	-2.5351×10^{-6}	1.1915	-1.7133×10^{3}
液态 (l)	(A.12)	高热值	-2.5674×10^{-6}	1.1270	-5.9389×10^{2}
		低热值	-1.8804×10^{-6}	1.1324	4.9754×10^{2}
固态 (s)	(A.13)	高热值	2.2668×10^{-8}	0.97864	1.3779×10^{3}
		低热值	-5.6089×10^{-8}	1.0078	1.9642×10^{3}

燃料的标准焓按照公式（A.14）、公式（A.15）和公式（A.16）计算：

$$H_g^{\ominus} = e_g\left(\Delta_c H_g\right)^2 + f_g\Delta_c H_g + g_g\left(12400 < \Delta_c H_g < 55200\right) \quad\cdots\cdots\cdots\cdots（A.14）$$

$$H_l^{\ominus} = e_l\left(\Delta_c H_l\right)^2 + f_l\Delta_c H_l + g_l\left(5500 < \Delta_c H_l < 48600\right) \quad\cdots\cdots\cdots\cdots（A.15）$$

$$H_s^{\ominus} = e_s\left(\Delta_c H_s\right)^2 + f_s\Delta_c H_s + g_s\left(2800 < \Delta_c H_s < 44400\right) \quad\cdots\cdots\cdots\cdots（A.16）$$

式中：

$H_g^{\ominus}$, $H_l^{\ominus}$, $H_s^{\ominus}$ ——分别为气态、液态和固态燃料标准焓的估算值，单位为千焦每千克（kJ/kg）；

e_g, f_g, g_g; e_l, f_l, g_l; e_s, f_s, g_s——分别为燃料高热值或低热值的对应项系数，从表 A.5 中选取。

表 A.5　采用高热值或低热值时公式（A.14）、公式（A.15）和公式（A.16）的系数

聚焦态	公式	燃烧热 kJ/kg	e	f	g
气态 (g)	(A.14)	高热值	-3.2637×10^{-7}	1.0013	1.2546×10^{3}
		低热值	-1.7208×10^{-6}	1.1508	2.6563×10^{2}
液态 (l)	(A.15)	高热值	-2.4489×10^{-6}	1.1209	2.3726×10^{2}
		低热值	-1.7929×10^{-6}	1.1279	1.3177×10^{3}
固态 (s)	(A.16)	高热值	-4.2236×10^{-7}	1.0037	1.5416×10^{3}
		低热值	-5.5948×10^{-7}	1.0344	2.1333×10^{3}

　　上面估算公式的表示项目比较多，估算时须分清对象燃料是气态燃料、液态燃料还是固态燃料，手头的燃烧热数据是高热值还是低热值，燃烧热数据是否在选定计算公式后面括号里的数值范围之内等，然后对号入座，仔细计算。

　　在不同的场合，燃料的燃烧热被冠以多个称谓，例如热值、发热量、燃烧热等，但都是指一个概念，即单位燃料的燃烧反应热。这里，有必要解释一下高热值与低热值的区别。**高热值**（high heat value，HHV）是指单位燃料完全燃烧后，其烟气被冷却，其中含有的水以液态（凝结水）排出时，燃烧过程所释放的全部热量，即燃料完全燃烧，产物中的水为液态时的反应热。**低热值** [low heat value(net calorific value)] 则是指单位燃料经历上述同样燃烧过程后，烟气中的水以水蒸气的形态排出时，燃烧过程所释放的全部热量，即燃料完全燃烧，烟气中的水为气态时的反应热。也就是说，从高热值中扣除水蒸发所需要的热量就等于低热值。

> **计算例**
>
> **燃料标准㶲和标准焓的估算**
>
> 　　城市垃圾标准㶲和标准焓的计算案例见本书的附录 C.3 城市可燃垃圾的物质品位评估。

　　另外，基于上述方法，本书附录 A 的附表 A.5 给出了"部分复杂组成燃料的标准㶲与标准焓"数据，可供读者参考。

2.4.2　纯物质的㶲和焓

　　GB/T 14909—2021 给出了纯物质（化合物）㶲值和焓值的如下计算方法。

> **标准原文**
>
> ## A.3.2　纯物质的㶲值和焓值
>
> 纯物质的㶲值和焓值分别按如下方法计算。
> 纯物质的㶲值按照公式（A.17）计算：
>
> $$E_i(T,p) = E_i^{\ominus} + \Delta E_i\left(T_0, p^{\ominus} \to T, p\right) \quad\cdots\cdots\cdots\cdots\quad (A.17)$$
>
> 式中：
>
> $E_i(T,p)$ ——给定温度 T 和压力 p 下，纯物质 i 的摩尔㶲，单位为千焦每摩尔（kJ/mol）；
>
> $E_i^{\ominus}$ ——纯物质 i 的标准㶲，单位为千焦每摩尔（kJ/mol）（参见 A.3.1.2）；
>
> $\Delta E_i(T_0, p^{\ominus} \to T, p)$ ——纯物质 i 从环境参考态温度 T_0 与环境参考态压力 $p^{\ominus}$ 变化到给定温度 T 和压力 p 时的㶲变，单位为千焦每摩尔（kJ/mol），其值按照公式（A.18）计算：
>
> $$\Delta E_i\left(T_0, p^{\ominus} \to T, p\right) = \Delta H_i\left(T_0, p^{\ominus} \to T, p\right) - T_0 \Delta S_i\left(T_0, p^{\ominus} \to T, p\right) \quad\cdots\cdots\quad (A.18)$$
>
> 式中：
>
> $\Delta H_i(T_0, p^{\ominus} \to T, p)$ ——纯物质 i 从环境参考态温度 T_0 与环境参考态压力 $p^{\ominus}$ 变化到给定温度 T 和压力 p 时的焓值变化（以下简称焓变），单位为千焦每摩尔（kJ/mol）；
>
> $\Delta S_i(T_0, p^{\ominus} \to T, p)$ ——纯物质 i 从环境参考态温度 T_0 与环境参考态压力 $p^{\ominus}$ 变化到给定温度 T 和压力 p 时的熵值变化（以下简称熵变），单位为千焦每摩尔开 [kJ/(mol·K)]。

公式（A-18）中的焓变 ΔH_i 与熵变 ΔS_i 可以选择体系适宜的热力学性质模型计算，也可以从适宜的热力学性质图或表查取。

纯物质的焓值按照公式（A.19）计算：

$$H_i(T,p) = H_i^{\ominus} + \Delta H_i\left(T_0, p^{\ominus} \rightarrow T, p\right) \quad\cdots\cdots\cdots\cdots\cdots \text{（A.19）}$$

式中：

$H_i(T,p)$——给定温度 T 和压力 p 下，纯物质 i 的摩尔焓，单位为千焦每摩尔（kJ/mol）；

H_i^{θ} ——纯物质 i 的标准焓，单位为千焦每摩尔（kJ/mol）（参见 A.3.1.2）。

图 2-3 示意地描述了上述方法的原理。在图 2-3 中，处于任意状态下的纯物质㶲值与焓值被表示为：环境参考态的基准值与从环境参考态至任意状态的变化值之和。具体计算分成以下三步：

① 第一步基于该纯物质的化学构成和元素标准㶲、元素标准焓，计算环境参考态下纯物质的㶲和焓，也就是采用 GB/T 14909—2021 的公式（A.9）、公式（A.10）和表 A.1 分别计算该纯物质的标准㶲和标准焓。具体方法参照 GB/T 14909—2021 中 A.3.1.2 的说明。

② 第二步计算纯物质从环境参考态的温度与压力变化到当前任意温度 T 和压力 p 的㶲变与焓变，也就是采用 GB/T 14909—2021 的公式（A.18），利用对应的焓变与熵变来计算这时的㶲变与焓变。具体方法参照 GB/T 14909—2021 中 A.3.2 的说明。

③ 最后，把上述两步的结果相加，即可获得任意状态下纯物质的㶲值与焓值。该数值是在任意温度 T 和压力 p 下的数据。

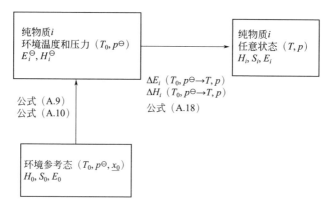

图 2-3　纯物质处于任意状态焓与㶲的计算原理

㶲分析的概念与方法
GB/T 14909—2021《能量系统㶲分析技术导则》解读

纯物质的㶲和焓

纯物质㶲和焓的计算案例见本书的附录 C.1.1 纯物质㶲值与焓值的计算。

2.4.3 混合物的㶲值和焓值

GB/T 14909—2021 给出了混合物㶲值和焓值的如下计算方法。

A.3.3 混合物的㶲值和焓值

混合物的㶲值和焓值分别按如下方法计算。

混合物的㶲值按照公式（A.20）计算：

$$E(T,p,\underline{x}) = \sum x_i \left\{ E_i(T,p) + RT_0 \ln\left(\hat{f}_i/f_i^{\ominus}\right) - RT\ln(1-T_0/T)\left[\partial\ln\left(\hat{f}_i/f_i^{\ominus}\right)\partial\ln T\right]_{p,x} \right\}$$

$$\cdots\cdots\cdots\cdots (A.20)$$

式中：

$E(T,p,\underline{x})$——给定温度 T、压力 p 和组成 $\underline{x}$ 下，混合物的摩尔㶲，单位为千焦每摩尔（kJ/mol）；

$\hat{f}_i$——给定温度 T 和压力 p 下，组分 i 的逸度，单位为千帕（kPa）；

$f_i^{\ominus}$——压力 100 kPa 下，组分 i 的标准态逸度，单位为千帕（kPa）。

公式（A.20）中的组分 i 的逸度 $\hat{f}_i$ 与标准态逸度 $f_i^{\ominus}$ 可以选择体系适宜的热力学性质模型计算。

理想混合物的摩尔㶲按照公式（A.21）计算：

$$E^{id}(T,p,\underline{x}) = \sum x_i\left[E_i(T,p) + RT_0\ln x_i\right] \quad\cdots\cdots\cdots (A.21)$$

混合物的焓值按照公式（A.22）计算：

$$H(T,p,\underline{x}) = \sum x_i\left\{ H_i(T,p) - RT^2\left[\partial\ln\left(\hat{f}_i/f_i^{\ominus}\right)\partial\ln T\right]_{p,x} \right\} \quad\cdots\cdots (A.22)$$

式中：

$H(T,p,\underline{x})$——给定温度 T、压力 p 和组成 $\underline{x}$ 下，混合物的摩尔焓，单位为千焦每摩尔（kJ/mol）。

理想混合物的摩尔焓按照公式（A.23）计算：

$$H^{id}(T,p,\underline{x}) = \sum x_i H_i(T,p) \quad\cdots\cdots\cdots\cdots (A.23)$$

公式（A.20）和公式（A.22）是混合物㶲和焓计算的基础模型。可以看到，混合物㶲和焓的计算最复杂，其中涉及了混合物的逸度计算。而逸度计算又需要选择对象体系适宜的状态方程和热力学模型解析方法。也就是说，获得公式（A.20）和公式（A.22）的数值解需要拥有一定的热物性理论知识并掌握相当的基础数据。好在可以借助一些计算机软件解决这一难题，而计算原理依然如上所述。

另外，如同公式（A.21）和公式（A.23），GB/T 14909—2021 特别给出了简化处理混合物㶲值和焓值的计算方法，也就是将混合物假设为"理想混合物"，从而有可能不必非用计算机软件求解。

严格地说，由于物质分子之间作用力强弱和与分子体积大小的差异，在物质混合时会有一定的体积效应与热效应（$\Delta_{mix}V$ 不等于 0，$\Delta_{mix}H$ 不等于 0），即混合时会产生体积变化和热效应。热力学把那些在混合时可以忽略体积效应与热效应的体系视为**理想混合物**（ideal mixture）。据此，可以对一些实际情况做出大致的判断。可以将那些组分分子结构相近，分子之间作用力很弱的化合物设为理想混合物。例如，油箱中的汽油、沼气池中混合气，还有空气等，通常都可以这样假设。需要注意的是，气态体系与液态体系不同，物质处于液态时混合物的体积效应与热效应会更为明显。无论假设多么"合理"，毕竟忽略了某些因素，是近似的处理方法，因而总会导致计算结果有一定程度的数值偏差。是否采用公式（A.21）和公式（A.23）的简化计算方法，是数值偏差大小与方法难易之间的权衡。尽管如此，简化方法仍然被广泛采用。

从公式（A.21）和公式（A.23）可以看到，理想混合物的㶲值和焓值计算基于该体系中各个纯组分的㶲值和焓值以及各个组分的摩尔组成。

图 2-4 示意地描述了上述方法的原理。在图 2-4 中，混合物处于任意状态时的焓与㶲的计算被划分为两步。第一步是基础的，即基于公式（A.17）和公式（A.19）计算纯物质的焓与㶲，需要针对对象问题中的 N 个组分进行计算。第二步是基于公式（A.20）和公式（A.22）计算混合物的㶲和焓。此时，如果对象问题体系能够简化为理想混合物，则可以利用公式（A.21）和公式（A.23）进行计算。

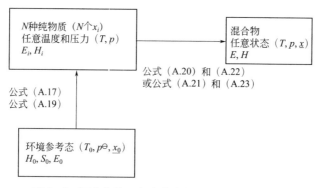

图 2-4　混合物处于任意状态的焓与㶲的计算原理

混合物（理想混合物）的㶲和焓

混合物㶲和焓的计算案例见本书的附录 C.1.2 混合物㶲值与焓值的计算。

2.5 负环境压力下的㶲和焓怎样计算？

如前所述，虽然 GB/T 14909—2021 对环境参考态的规定十分严苛，但是 GB/T 14909—2021 对环境参考态的规定又是开放的。在一些特殊情况下，标准使用者完全可以不采用该标准 4.1 的规定，可酌情自行选择其适宜的环境参考态温度与（或）环境参考态压力。有关这个问题在第 4 章还会展开讨论。

这一节的计算方法是特殊的，首先需要明确界定评价对象。众所周知，大气环境的压力大约为 100 kPa。GB/T 14909—2021 规定的所谓**负环境压力状态**（state of negative environment pressure）指的是压力低于 100 kPa 的状态，即通常所说的真空状态。可以说，实际应用中负环境压力下㶲值的计算问题并不普遍，而且其中绝大多数场合仅仅涉及温度与压力变化，很少涉及化学反应。尽管如此，GB/T 14909—2021 仍然将负环境压力状态下㶲值和焓值的计算分作两种场景，给出了具体的规定。

（1）无化学反应的负环境压力状态下㶲和焓计算

此时，对象体系不发生化学反应，但其处于压力低于 100 kPa 的状态，而体系的温度是任意的，可以计算某个状态的㶲和焓，也可以计算多个状态的㶲和焓。对于后者，对象体系可以是所有状态都处于压力低于 100 kPa 的状态，也可以是部分状态的压力低于 100 kPa，而另一部分状态的压力高于 100 kPa。

关于无化学反应的负环境压力状态下㶲和焓计算，GB/T 14909—2021 有下述规定：

A.4 压力低于 100kPa 条件下的㶲值和焓值

A.4.1 无化学反应，一个或多个状态的压力低于 100 kPa

不计环境参考态基准物体系的影响，将环境参考态压力 p_0 规定为 1×10^{-9} kPa，环境参考态温度 T_0 依然维持 298.15 K。

此时，纯物质的㶲按照公式（A.24）计算：

$$E_i(T, p) = \Delta E_i(T_0, p_0 \rightarrow T, p) \quad \cdots\cdots\cdots\cdots\cdots \quad (A.24)$$

式中：

$E_i(T, p)$ ——给定温度 T 和压力 p 下，纯物质 i 的摩尔㶲，单位为千焦每摩尔（kJ/mol）；

$\Delta E_i(T_0, p_0 \to T, p)$ ——纯物质 i 从环境参考态温度 T_0 与环境参考态压力 p_0 变化到给定温度 T 和压力 p 时的㶲变，单位为千焦每摩尔（kJ/mol），其值按照公式（A.25）计算：

$$\Delta E_i(T_0, p_0 \to T, p) = \Delta H_i(T_0, p_0 \to T, p) - T_0 \Delta S_i(T_0, p_0 \to T, p) \quad \cdots\cdots (\text{A.25})$$

式中：

$\Delta H_i(T_0, p_0 \to T, p)$ ——纯物质 i 从环境参考态温度 T_0 与环境参考态压力 p_0 变化到给定温度 T 和压力 p 时的焓变，单位为千焦每摩尔（kJ/mol）；

$\Delta S_i(T_0, p_0 \to T, p)$ ——纯物质 i 从环境参考态温度 T_0 与环境参考态压力 p_0 变化到给定温度 T 和压力 p 时的熵变，单位为千焦每摩尔开 [kJ/(mol·K)]。

式（A-25）中的焓变 ΔH_i 与熵变 ΔS_i 可以选择体系适宜的热力学性质模型计算，也可以从适宜的热力学性质图或表查取。

此时，纯物质的焓按照公式（A.26）计算：

$$H_i(T, p) = \Delta H_i(T_0, p_0 \to T, p) \quad \cdots\cdots\cdots\cdots (\text{A.26})$$

式中：

$H_i(T, p)$ ——给定温度 T 和压力 p 下，纯物质 i 的摩尔焓，单位为千焦每摩尔（kJ/mol）。

此时，混合物的㶲和焓见公式（A.20）和公式（A.22）；而理想混合物的㶲和焓见公式（A.21）和公式（A.23）。

可以看到，针对负环境压力下㶲和焓的计算，GB/T 14909—2021 规定了一个特殊的环境参考态，其压力 p_0 为 1×10^{-9} kPa，温度 T_0 依然维持 298.15 K。读者可能有些疑惑，为什么压力不能设为 0 kPa，为什么此时的环境参考态压力写成 p_0，而不是 $p^{\ominus}$ 等。这些问题集中在后面统一解释。

鉴于环境参考态基准物体系的影响，图 2-5 描述了这种场景的计算原理。因不计环境参考态基准物体系的影响，对象问题与 GB/T 14909—2021 所规定的环境参考态无关。

图 2-5 中状态 1、状态 2 和状态 3 的物质均为混合物，但也可以是纯物质。三个状态中状态 1 和状态 2（均为 N 种纯物质）的化学组成相同，而状态 3（为 M 种纯物质）是独立的。这三个状态的㶲值和焓值均取决于特别设定的环境参考态（T_0=298.15 K 和 p_0=1×10^{-9} kPa），而它们之间的㶲差与焓差则与这一特别设

定无关。显然,如公式(A.25)所示,状态 1 和 2 之间的㶲变与焓变计算和环境参考态的设定无关,可以直接利用比热容等热物性计算。

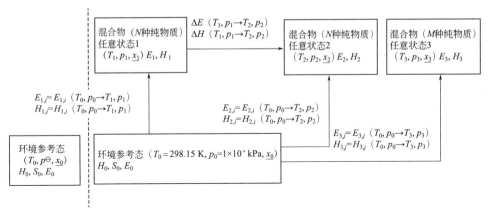

图 2-5 负环境压力状态下㶲和焓的计算原理(无化学反应)

(2)负环境压力状态下化学反应的㶲变和焓变计算

此时,对象问题仅仅针对化学反应,考查在反应压力低于 100 kPa 的条件下如何计算该反应的㶲变和焓变,而反应温度可以是任意的。对此场景,GB/T 14909—2021 有下述规定:

A.4.2 负环境压力状态下化学反应的㶲变和焓变计算

将环境参考态压力 p_0 规定为 1×10^{-9} kPa,环境参考态温度 T_0 依然维持 298.15 K,按以下四步路径计算。

第一步:以 A.4.1 的方法计算反应物从反应温度 T 和压力 p 改变至 298.15 K 和 100 kPa 的㶲变 ΔE_1 与焓变 ΔH_1;

第二步:分别以公式(A.27)和公式(A.28)计算 298.15 K 和 100 kPa 下化学反应的㶲变 $\Delta_r E^\ominus$ 与焓变 $\Delta_r H^\ominus$;

$$\Delta_r E^\ominus = \sum_P E_j^\ominus - \sum_R E_i^\ominus \quad\cdots\cdots\cdots\cdots\cdots\cdots (A.27)$$

$$\Delta_r H^\ominus = \sum_P H_j^\ominus - \sum_R H_i^\ominus \quad\cdots\cdots\cdots\cdots\cdots\cdots (A.28)$$

式中,P 和 R 分别表示化学反应的产物和反应物;

第三步:以 A.4.1 的方法计算产物从 298.15 K 和 100 kPa 改变至反应温度 T 和压力 p 的㶲变 ΔE_3 与焓变 ΔH_3;

第四步：合计上述三个过程的㶲变或焓变，即为在负环境压力状态下该化学反应的㶲变和焓变，见公式（A.29）和公式（A.30）。

$$\Delta_r E = \Delta E_1 + \Delta_r E^\ominus + \Delta E_3 \qquad \cdots\cdots\cdots\cdots\cdots \text{（A.29）}$$

$$\Delta_r H = \Delta H_1 + \Delta_r H^\ominus + \Delta H_3 \qquad \cdots\cdots\cdots\cdots\cdots \text{（A.30）}$$

图 2-6 描述了这种场景㶲变和焓变的计算原理。图 2-6 的中心是对象问题——负环境压力状态下化学反应的㶲变 $\Delta_r E$ 和焓变 $\Delta_r H$。它们取决于反应物的㶲 E_r 和焓 H_r 以及产物的㶲 E_p 和焓 H_p。为此，GB/T 14909—2021 给出了一个等效的计算方法，即从状态①开始，依次经过状态②、③和④，经过的状态点之间的㶲变之和与焓变之和，等效对象问题的 $\Delta_r E$ 和 $\Delta_r H$，即：

$$\Delta_r E = \Delta E_1 + \Delta E_2 + \Delta E_3 \qquad\qquad \text{（2-2）}$$

$$\Delta_r H = \Delta H_1 + \Delta H_2 + \Delta H_3 \qquad\qquad \text{（2-3）}$$

在上述规定中，第一步、第三步和第四步都比较清楚，第二步则是基于反应物和产物所涉及的标准㶲和标准焓的简单计算，如公式（A.27）和公式（A.28）。

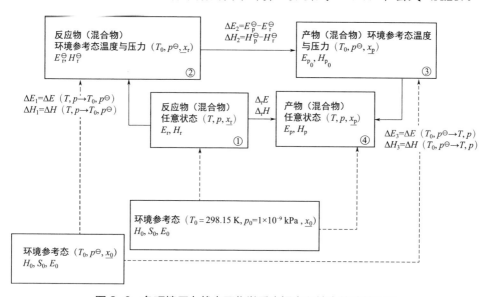

图 2-6　负环境压力状态下化学反应㶲变和焓变的计算原理

作为概念示意，图 2-6 表示出了 GB/T 14909—2021 规定的环境参考态（100 kPa）和标准特定的环境参考态（1×10^{-9} kPa），并表示了各个状态点与两个参考态之间的联系（虚线）。

（3）需要补充说明的问题

① 为什么压力不能设为 0 kPa　如公式（A.25）所示，㶲的计算同时涉及了焓和

熵的计算；而在低压下，理想气体有：

$$H^{ig} = H_0^{ig} + \int_{T_0}^{T} C_p^{ig} \mathrm{d}T \tag{2-4}$$

$$S^{ig} = S_0^{ig} + \int_{T_0}^{T} C_p^{ig} \frac{\mathrm{d}T}{T} - R \ln \frac{p}{p_0} \tag{2-5}$$

可见，熵的计算限制了 0 kPa 的条件设定，而将压力设为 $p_0 = 1 \times 10^{-9}$ kPa 就回避了这个问题。

② 为什么环境参考态压力写成 p_0，而不是 $p^\ominus$ $p^\ominus$ 是 IUPAC 规定的标准态压力专用符号，而 p_0 仅仅是 T_0（环境参考态温度）的类似表达，两者的下标"0"都表示数据基准。

③ 负环境压力下的热物性到哪里去找 从公式（2-4）和公式（2-5）可以看到，此时㶲和焓的计算要用到物质的热容，例如摩尔热容 [k(J/(mol·K)] 或比热容 [J/(g·K)]。然而，气体的热容是温度的函数，压力的影响通常忽略不计。

④ 状态函数差的计算与路径无关 热力学状态函数的特征之一就是其数值积分结果与其选择的积分路径无关。GB/T 14909—2021 给出的负环境压力状态下化学反应㶲变和焓变的计算方法，正是利用了状态函数数值计算的这个特点。

⑤ 298.15 K（25 ℃）和 100 kPa 下所有化学反应都可以进行吗 显然，这个疑惑是因为 GB/T 14909—2021 方法中的路径设计而产生的。这里有两个概念，一个是反应的化学平衡，另一个是标准状态下反应的热力学性质变化。

前者是"实际的"。基于**化学平衡**（chemical equilibrium）的方法，一个化学反应在 25 ℃ 和 100 kPa 下能否进行，需要借助该条件下体系的 Gibbs 自由能变化 $\Delta_r G$ 去判断。$\Delta_r G$ 值取决于体系的温度、压力和初始反应物的组成，只有当 $\Delta_r G \leqslant 0$ 时反应才可以进行。

后者却仅仅是"理论的"计算。也就是说，这是一个基于化学反应计量方程式，针对标准状态下反应热力学性质变化的数值获取过程。

⑥ **功能限制** 负环境压力状态下将无法利用 GB/T 14909—2021 规定的环境基准物体系，元素的标准㶲和标准焓数据将无法使用，所以在此条件下将无法考查物质品位。当然过程品位分析还是可以实施的。

> 计算例
>
> ### 负环境压力下的㶲值和焓值
>
> 负环境压力下㶲值和焓值计算案例见本书的附录 C.2 负环境压力下㶲值与焓值的计算。

第**3**章

指标：怎样使用㶲分析的评价指标？

GB/T 14909—2021 的第 6 章集中给出了"㶲分析的评价指标"，其中包括㶲效率、㶲损失分布和能量品位等多个评价指标。

可以把㶲分析的评价指标分成两类，一类是"效益性"的，例如㶲效率、单位产品㶲耗；另一类是"特征性"的，例如㶲损失分布、物质品位、过程品位。**效益性评价指标**关注对象系统的投入与产出、所费与所得之间的对比关系，可以作为能效指标，用于对象体系的能源利用效益评价。例如，某种热工设备的热效率，以及目前在很多重点能耗行业的"主要耗能产品能耗限额"国家标准中多数就是这类指标。然而，特征性的评价指标则不宜用于能效评价。因为，**特征性评价指标**关注的是表征对象系统的某种热力学性状，通常用于考查对象体系的能量利用特性，分析对象体系能量利用的内在机制与原理。

本章主要针对 GB/T 14909—2021 给出的㶲分析评价指标做标准内容释义，讨论有哪些指标，怎么使用，具体内容包括：

① **效益性的㶲分析评价指标**：普遍㶲效率、目的㶲效率、单位产品（或单位原料）的消耗㶲。

② **特征性的㶲分析评价指标**：局部㶲损失率、局部㶲损失系数、能量品位。

对于上述大部分指标，读者多少了解一些，但是对于"能量品位"却有可能是生疏的。能量品位分析法给出两个指标，一个是物质品位，另外一个是过程品位。前者对象是某种物质形态的热力学体系，例如某个工艺物流、某种可再生燃料；后者则是用能过程或用能系统。确切地，与其说它是一个评价指标，倒不如说它是一个分析指标——基于烟的概念来分析对象体系的能量利用特性。

3.1　效益性的烟分析评价指标

3.1.1　热力学的效率概念

效率，这样一个耳熟能详的术语，似乎不需要过多说明。然而在实际中，效率的概念并不唯一。比如一种说法"效率指的是单位时间里实际完成的工作量"，所谓效率高，就是在单位时间内完成的工作量多，就意味时间的节省。例如，学习效率、工作效率或者产量等等。但是，这类"时效"的概念不是这里将要展开讨论的"效率"概念。管理学给出另外说法："效率是指在特定时间内，组织的各种投入与产出之间的比率关系"。效率与投入成反比，与产出成正比。这类"收效"的概念比较接近这里的讨论。

可以认为，本质上热力学的效率概念针对一个对象系统而言，基于对一个能量系统的投入、效益产出与损失的衡算来确定投入与效益产出之间的比率关系。也就是说，如果基于该系统的能量衡算（焓衡算），则是**热力学第一定律效率**，或称为能量效率、热效率；如果基于该系统的烟衡算，则是**热力学第二定律效率**，或称为烟效率。据此，可以一般化地写出三个关于热力学的效率概念式：

$$投入 = 效益产出 + 损失 \tag{3-1}$$

$$\eta = \frac{效益产出}{投入} \times 100\% \tag{3-2}$$

$$\eta = \left(1 - \frac{损失}{投入}\right) \times 100\% \tag{3-3}$$

式中，投入、效益产出和损失分别可以写成表征系统投入、效益产出和损失的能量性质，可以用焓或烟来表示，例如，系统的投入烟、效益产出烟和烟损失。上述三个式子具有普遍化意义，既适用于表示第一定律效率，也适用于表示第二定律效率。

首先，公式（3-2）表明效率是一个无量纲的物理量。再者，满足热力学的效率概念，意味着必须同时遵守上述三个式子。数学上热力学的效率是 0 和 1（或者 0 和 100%）之间的量。实际中，有时可以听到"某某系统的效率超过了

100%"，这明显是概念上出了问题。用于实际能量系统的热力学效率概念存在限制条件：

① **实际能量系统的损失必然存在** 公式（3-1）和公式（3-3）中的"损失"项不可忽视。它既可以用来表示能量损失（功的损失或热量损失），也可以用来表示㶲损失，这是实际过程中的必然存在。所以，此时系统的效益产出不可能大于系统的投入，系统效率只能在100%以下。

② **必须同时满足公式（3-2）和公式（3-3）** 公式（3-2）和公式（3-3）可以写成一个公式。原因是它们有相同的基础——公式（3-1）。可以对一些系统考查"效益产出与投入之比"，但不能同时写出公式（3-3），说明此时的比值不是热力学的效率。例如，对于制冷系统，效益产出是其制冷量，系统的效益产出与投入之比只能称为性能系数，而不能称为效率。因为，此时无法同时满足公式（3-2）和公式（3-3）。

③ **系统投入与效益产出需要"名副其实"** 对于公式（3-1）中的系统投入和效益产出，需要"核实身份"，需要"对号入座"。也就是说，该能量衡算的项目不能有缺失，应计入的不能忽略，另外，输入项不能计为效益产出。例如，对于可再生能源利用系统，如果不把系统输入的可再生能源计入，则其系统的能源利用效率可能会大于100%。又如，制冷量作为制冷系统的效益产出，实际上是系统的热量投入。

3.1.2 㶲效率

GB/T 14909—2021 给出㶲效率的如下一般定义。

> **标准原文**
>
> **3.8 㶲效率 exergy efficiency**
>
> 基于过程或系统的㶲衡算，表征过程或系统的热力学完善度的数值；为输出㶲与输入㶲之比，或为收益㶲与支付㶲之比。
>
> 注：㶲效率通常以百分数表示（见6.1）。

对象体系可以是两个状态点（初始态与终了态）的一个能量利用过程，也可以是许多状态点构成的一个复杂能量利用系统。所以，上述定义中给出了"过程"与"系统"两种对象体系的表述。"输出㶲与输入㶲之比"和"收益㶲与支付㶲之比"，则是下面两种典型的㶲效率。

（1）普遍㶲效率

普遍㶲效率（general exergy efficiency）是一种典型的㶲效率，GB/T 14909—2021 给出其如下定义。

6.1.1 普遍㶲效率

普遍㶲效率按公式（5）计算：

$$\eta_{gen} = \frac{E_{out}}{E_{in}} \times 100\% = \left(1 - \frac{I_{int}}{E_{in}}\right) \times 100\% \qquad \text{……………（5）}$$

式中：

η_{gen} —— 普遍㶲效率。

一般情况下，对于构成复杂的系统，或者为了考察系统的内部㶲损失，㶲效率采用公式（5）计算。

普遍㶲效率基于用能系统输入㶲 E_{in}、输出㶲 E_{out} 和内部㶲损失 I_{int} 之间的㶲衡算：

$$E_{in} = E_{out} + I_{int} \qquad (3\text{-}4)$$

实际上，这是 GB/T 14909—2021 中 5.2 "输入与输出之间的㶲衡算" 的公式（3），前面已经讨论过了。

普遍㶲效率中的"普遍"，表示这一效率定义可以应用于所有场合，不论对象体系复杂还是简单。例如，对象体系可以是一个极其复杂的石油化工系统，也可以是一个简单到不能再简单的阀门，两者都适用这一效率。

普遍㶲效率应用普遍的特点是由公式（3-4）决定的。之所以能做到这一点，是因为公式（3-4）中输入、输出和热力学代价（㶲损失）的界定十分清晰。可以说，将普遍㶲效率用于任何一种用能过程或用能系统，一般都不会发生对号入座的错误，不论其复杂还是简单，需要确认能流、物流的项目是多还是少。因此，对于能量转换目的复杂或模糊的评价对象，普遍㶲效率应该是不二选择。比如，普遍㶲效率通常用于能量转换目的复杂的多产品系统（例如一个有相当规模的石油化工系统）或能量转换目的不十分清楚的系统（例如一个管路上的阀门）。

同时，公式（3-4）也导致了普遍㶲效率的缺陷——评价存在疏漏。因为，被普遍㶲效率认作效益产出的输出㶲 E_{out} 中包括了系统的外部㶲损失 I_{ext}。例如，所有的系统废弃物（废渣、废水、废热、废品等等）和能量的外部耗散（废热、机械摩擦热等）都含在输出㶲 E_{out} 里面。外部㶲损失被普遍㶲效率的缺陷隐含了，但它显然不可忽略，也是需要关注和评估的事项。

从另一角度看，普遍㶲效率却因此可以针对性地表征系统内部㶲损失 I_{int}（内部热力学不完善性的大小）。可以看到，GB/T 14909—2021 的公式（5）表示得很清楚。一定程度上，比起公式（5）中的输出㶲 E_{out}，内部㶲损失 I_{int} 的表现更为合理和准确。从这个意义上讲，普遍㶲效率更为本征地体现了热力学效率的分析作用——内部过程的热力学代价是对象过程或系统完成能量转换的实质推动力。

普遍㶲效率以"黑箱"法的方式给出对系统的评价。为了分析复杂的对象系统，人们可以酌情将其分割成多个子系统。公式（3-4）同样可以用于这些子系统。这相当于一定程度上打开了黑箱，揭示了其内部各个子系统的能量利用情况。虽然，对象系统被分割得越细，内部情况就越清晰，然而子系统的分割层次只能适度实施。因为，系统分割得越小，需要的评价对象的信息越多，㶲分析的工作量越大。

> 计算例 | **普遍㶲效率**
>
> 普遍㶲效率的计算案例见 GB/T 14909—2021 的附录 B.2 甲醇合成与分离工艺的㶲分析；以及本书的附录 C.5 管路流体输送过程的㶲分析、C.6 锅炉的㶲分析和 C.7 家用空调蒸发器的㶲分析等。

（2）目的㶲效率

目的㶲效率（object exergy efficiency）是另外一种典型的㶲效率，GB/T 14909—2021 给出其如下定义。

> 标准原文 | **6.1.2　目的㶲效率**
>
> 目的㶲效率按公式（6）计算：
>
> $$\eta_{obj} = \frac{\Delta E_a}{\Delta E_d} \times 100\% = \left(1 - \frac{I}{\Delta E_d}\right) \times 100\% \qquad \cdots\cdots\cdots\cdots (6)$$
>
> 式中：
>
> η_{obj} —— 目的㶲效率。
>
> 一般情况下，能量转换目的明确的单元设备的㶲效率采用公式（6）计算；但是，绝热设备，以及管路、阀门、孔板、弯头与管件单元部件的㶲效率采用公式（5）计算。公式（6）考察的是总㶲损失。
>
> 各类基本过程（单元设备）的㶲效率见 A.5。

目的㶲效率是基于用能系统的㶲供给侧过程的支付与㶲接受侧过程的收益之间的㶲衡算：

$$\Delta E_d = \Delta E_a + I \qquad\qquad (3\text{-}5)$$

实际上，这是 GB/T 14909—2021 中 5.3 "供给侧与接受侧之间的㶲衡算"的公式（4）。前面已经讨论过了。

这是系统㶲衡算另外一种方式的考量——将系统视为由㶲供给侧过程和㶲接受侧过程构成，即以㶲的授受关系来剖析用能系统能量构型。㶲供给侧过程发生了一个㶲变，并将其输出给㶲接受侧过程，即所谓"支付㶲"。其中的一部分被㶲接受侧过程接受，即所谓"收益㶲"。支付㶲与收益㶲之间的差值就是系统的总㶲损失。其中，支付与收益的衡算说法借助了经济学的概念。

与普遍㶲效率不同，目的㶲效率强调的是"目的"，是表征系统能量转换收益如何的量。这就意味着对象系统的能量转换目的必须明了清晰，而这一特点正是公式（3-5）决定的。它要求界定对象体系的㶲供给侧过程、㶲接受侧过程以及相应的㶲变（ΔE_d 和 ΔE_a），做到泾渭分明，否则不便使用。显然，太复杂的对象系统无法应用目的㶲效率。目的㶲效率通常应用在相对简单的单元过程或用能设备上。例如蒸汽锅炉，煤的燃烧过程是㶲供给侧，水转变为水蒸气是㶲接受侧。

前面提到版本 GB/T 14909—2005 中采用另外一种概念阐述支付㶲与收益㶲之间的衡算，即：

$$E_p = E_g + I \tag{3-6}$$

式中，支付㶲 E_p 是指系统输入㶲中用于驱动过程的那部分；收益㶲 E_g 则是指输出㶲中目的产品所含有的那部分。前面曾提到，实施㶲分析并不排斥采用 GB/T 14909—2005 的㶲衡算方法。相应地，基于公式（3-6）的目的㶲效率的计算式则是：

$$\eta_{obj} = \frac{E_g}{E_p} \times 100\% = \left(1 - \frac{I}{E_p}\right) \times 100\% \tag{3-7}$$

显然，与公式（3-5）中的㶲供给侧过程㶲变 ΔE_d 和㶲接受侧过程㶲变 ΔE_a 不同，明确界定公式（3-6）的支付㶲 E_p 与收益㶲 E_g 有时是令人困扰的。例如，系统输入中哪些可以计入 E_p？什么是系统的能量利用目的？系统输出中哪些可以计入 E_g？并非所有实际的对象系统都十分明确。因此，容易引起认定歧义是目的㶲效率在实际应用中的一个短板，而多个对象系统做评比时，更需要通过统一认识去克服。

可以发现，与 GB/T 14909—2021 的目的㶲效率不同，公式（3-6）可以应用于更为广泛的对象系统，前提是明确界定支付㶲与收益㶲。

另外，无论公式（3-5）或公式（3-6），都含有总㶲损失 I。它是系统内部㶲损失 I_{int} 与外部㶲损失 I_{ext} 之和：

$$I = I_{int} + I_{ext} \tag{3-8}$$

由此可见，目的㶲效率的另外一个特点是，它对系统热力学不完善性评价是全面的，因为其中既有内部㶲损失 I_{int} 的贡献，又有外部㶲损失 I_{ext} 的贡献。这一点很重要，是它与普遍㶲效率的又一区别。

热力学第一定律效率通常以热效率评估用能系统，例如发电机、风机等设备，或锅炉、加热器等热设备。可以将其热效率一般化地表达为：

$$\eta = \frac{\text{有用能量}}{\text{设备消耗能量}} \times 100\%$$

$$= \left(1 - \frac{损失能量}{设备消耗能量}\right) \times 100\% \qquad (3\text{-}9)$$

式中，无论设备消耗能量（输入能量），还是有用能量和损失能量（其两者之和等于输出能量），都是指能量的数量，即热效率是能量数量的比值。与上述讨论的两个第二定律效率相比较，可以发现两者有很大的不同。因为，㶲效率是能量质量（㶲）的比值。例如：

① **结论不同**　热效率能量利用效果不错的设备，㶲效率不一定高。例如，取暖用电加热器的热效率可能达到 99%，但是㶲效率是非常低的。因为取暖用热温度很低，㶲值很小，而消耗的电能全部是㶲，过程的㶲损失非常大。

② **认识深度不同**　热效率关注外在的或表面的数量损失，即"跑、冒、滴、漏"。㶲效率不仅关注外在损失（外部㶲损失），而且着意用能过程或用能系统的内部热力学代价；进而去把握它，并寻求有效的措施，将其控制在一个适度的范围。

目的㶲效率

目的㶲效率的计算案例见 GB/T 14909—2021 的附录 B.1 四种建筑供热方式㶲分析及品位分析和 B.2　甲醇合成与分离工艺的㶲分析，以及本书的附录 C.6 锅炉的㶲分析、C.7 家用空调蒸发器的㶲分析和 C.9 能量集成与㶲分析：芳烃分离系统。

3.1.3　单位产品（或单位原料）的消耗㶲

这是与效率不同的另外一类"效益性的㶲分析评价指标"，GB/T 14909—2021 给出其如下定义。

6.3　单位产品的消耗㶲

单位产品的消耗㶲按公式（9）计算：

$$\omega = \frac{E_{\text{cons}}}{M} \qquad\cdots\cdots\cdots\cdots\cdots\cdots\cdots\cdots\cdots\cdots \quad (9)$$

式中：

ω ——系统的单位产品的消耗㶲，单位为千焦每千克（kJ/kg）；

M ——系统产品的总产量，单位为千克或千克每时（kg 或 kg/h）。

单位产品的消耗㶲（exergy comsumption per unit product）关联了两个要素，一个是产品量（或原料量）M，另一个是为了达到该产品量的系统消耗㶲 E_{cons}（见 3.2.1 节）。通常，对于一个生产系统，产品量与为达到该产品量而消耗的原料量是相互关联的。

产品量是生产系统关注的首要指标,这里的 M 显然是基于给定的生产考核期的计量结果。与其对应的是为了达到该产品量,必须向该生产系统提供的系统消耗㶲,也就是公式(3-6)的支付㶲 E_p。需要注意,有时支付㶲仅仅是系统输入㶲的一部分,而非全部。因此,需要对系统的投入、效益产出(目的)和损失有清晰的界定。由此可见,单位产品的消耗㶲是一个指向性很强的实用评价指标。

虽然,单位产品的消耗㶲不是一个效率值[㶲效率无量纲,ω 有量纲(kJ/kg)],但是,可以把它看成效率指标的补充。它们都是效益性的㶲分析评价指标。例如,可以同时评价一个对象系统的目的㶲效率和单位产品的消耗㶲,而两者的数值变化趋势应该相同。因为它们具有相同的项目,却又有各自的特点。

> 计算例
>
> **单位产品的消耗㶲**
>
> 单位产品的消耗㶲的计算案例见 GB/T 14909—2021 的附录 B.2 甲醇合成与分离工艺的㶲分析。

3.2 特征性的㶲分析评价指标

3.2.1 㶲损失在系统中的分布

(1)局部㶲损失率

上面讨论的指标是效益性的,这一节讨论的指标则是特征性的。对象系统的能量利用特征有很多方面,其中一个重要的方面是㶲损失在系统中的分布,即㶲损失发生的位置及大小。局部㶲损失率是描述系统中㶲损失分布的两个指标之一,GB/T 14909—2021 给出其如下定义。

> 标准原文
>
> **6.2.1 局部㶲损失率**
>
> 局部㶲损失率按公式(7)计算:
>
> $$\xi_i = \frac{I_i}{\sum I_i} \times 100\% \qquad \cdots\cdots (7)$$
>
> 式中:
>
> ξ_i ——单元设备或子系统 i 的局部㶲损失率;
>
> $\sum I_i$ ——子系统(对应单元设备)或系统(对应子系统)的㶲损失合计,单位为千焦或千焦每时(kJ 或 kJ/h)。

既然是对一个系统的局部而言，就需要将系统分割成 N 个子系统。**局部㶲损失率**（local exergy loss rate）ξ_i 表示子系统 i 的㶲损失在整个系统中的（总㶲损失 I）占比。这里的㶲损失 I_i 包括各个子系统的内部㶲损失和外部㶲损失。局部㶲损失率 ξ_i 的值域为 $0 < \xi_i < 1$，是一个无量纲的物理量。由此，可以把握 N 个子系统的㶲损失 I_i 分别对整个系统的意义。显然，ξ_i 值大的子系统应该更受到关注。

> **计算例**
>
> ### 局部㶲损失率
>
> 局部㶲损失率的计算案例见 GB/T 14909—2021 的附录 B.2 甲醇合成与分离工艺的㶲分析，以及本书的附录 C.8 建筑暖通空调系统㶲分析。

（2）局部㶲损失系数

单元设备或子系统 i 的㶲损失 I_i 与其消耗㶲 E_{cons} 的比值被定义为单元设备或子系统 i 的**局部㶲损失系数**（local exergy loss coefficient），是描述㶲损失在系统中分布的另外一个指标，GB/T 14909—2021 给出其如下具体定义。

> **标准原文**
>
> ### 6.2.2 局部㶲损失系数
>
> 局部㶲损失系数按公式（8）计算：
>
> $$\Omega_i = \frac{I_i}{E_{cons}} \times 100\% \qquad\qquad (8)$$
>
> 式中：
> Ω_i ——单元设备或子系统 i 的局部㶲损失系数；
> E_{cons} ——子系统（对应单元设备）或系统（对应子系统）的消耗㶲，可设为原料输入㶲与公用工程消耗两者或仅为后者所含有的㶲，单位为千焦或千焦每时（kJ 或 kJ/h）。

类似局部㶲损失率，局部㶲损失系数也是对子系统特征性的评价指标。简言之，其物理意义是该子系统损失部分相对总消耗㶲的占比。Ω_i 值高的子系统显然特性不佳，应该更受到关注。Ω_i 也是一个无量纲的物理量。Ω_i 值可以用作目的㶲效率与局部㶲损失系数的数值校验。

> **计算例**
>
> ### 局部㶲损失系数
>
> 局部㶲损失系数的计算案例见本书的附录 C.8 建筑暖通空调系统㶲分析。

3.2.2 能量品位

这是 GB/T 14909—2021 的一个新颖点，不少读者可能第一次接触这个指标。感兴趣的读者可以查阅更多相关文章（例如，Zheng D，2017）。**能量品位**（energy grade）属于用能系统的特征性评价指标。能量品位分析法包括物质品位和过程品位两个指标。如果评价目的在于考查对象体系与其化学组成相关的能量特性，例如考查某种可再生燃料的利用价值，就可以用物质品位的概念去评价；如果评价目的在于考查对象体系的用能特性，例如某个热交换过程或一个炼油厂换热网络的用能水平，则可以用过程品位的概念去分析。

（1）物质品位

GB/T 14909—2021 给出**物质品位**（energy grade of substance）的如下具体定义和计算公式。

6.4.1 物质品位

物质品位按公式（10）计算：

$$\alpha(T, p, \underline{x}) = \frac{E(T, p, \underline{x})}{H(T, p, \underline{x})} \quad\cdots\cdots\cdots\cdots\cdots\cdots \quad (10)$$

式中：

$\alpha(T, p, \underline{x})$——处于温度为 T、压力为 p 和组成为 $\underline{x}$ 下体系的物质品位；

$E(T, p, \underline{x})$——处于温度为 T、压力为 p 和组成为 $\underline{x}$ 下体系的状态㶲值，单位为千焦每摩尔（kJ/mol）；

$H(T, p, \underline{x})$——处于温度为 T、压力为 p 和组成为 $\underline{x}$ 下体系的状态焓值，单位为千焦每摩尔（kJ/mol）。此焓值的计算采用了与㶲值相同的环境参考态，见 A.3。

注：数学上，变量的下划横线，表示此变量为"一维数组"。这里表示 $\underline{x}$ 有 N 个组分，分别有摩尔分数：x_1、$x_2\cdots x_i\cdots x_N$。

化学意义上的热力学体系可以指以一定数量和一定种类的物质所组成的整体。因此可以简称这类热力学体系为物系，例如，某种燃料或某个工艺物流。在前面曾经讨论过，热力学用焓来表征体系所含有能量的数量，对应地，用㶲来表征体系所含有能量的质量。一个物系所含有的能量（焓）中只有一部分是㶲。基于对㶲的认识，可认为它是"完美的"能量，而焓仅是"部分完美的"。由此容易理解，物质品位 $\alpha(T, p, \underline{x})$ 描述的是一个物系中完美的部分占比大小，即物系完美部分的量分数。$\alpha(T, p, \underline{x})$ 是一个无量纲的物理量。$\alpha(T, p, \underline{x})$ 描述的物系可以处于任意温度 T、任意压力 p，并具有任意化学组成 $\underline{x}$。$\alpha(T, p, \underline{x})$ 的数值取决于该物系的能量性质，

而这些性质被上述状态参数限定。基于这个意义，可以说 $\alpha(T, p, x)$ 是一个热力学的状态量。

公式（10）意味着分子㶲值 $E(T, p, x)$ 与分母焓值 $H(T, p, x)$ 可比，热力学上两者具有相同的数值基准——环境参考态。为此，从元素开始，到单质和化合物以及混合物，甚至包括了未知组成的复杂燃料，GB/T 14909—2021 建立了完整的物质标准㶲和标准焓的数值计算体系。基于前面介绍的㶲值 $E(T, p, x)$ 和焓值 $H(T, p, x)$ 的计算方法，$\alpha(T, p, x)$ 的数值不难获得。

根据公式（10）所表示的物质品位定义以及标准㶲和标准焓的概念，可以推出**标准物质品位**（standard energy grade of substance）的模型：

$$\alpha^{\ominus} = \frac{E^{\ominus}}{H^{\ominus}} \qquad (3\text{-}10)$$

据此，基于出本书附录 A 的表 A.3 中部分无机化合物的标准㶲和标准焓数据，或表 A.4 中部分有机化合物的标准㶲和标准焓数据，在需要时可以计算出对应化合物的 $\alpha^{\ominus}$ 值；而表 A.5 则直接给出了部分复杂组成燃料的标准㶲、标准焓和标准物质品位的数据。另外，借助数据检索与计算软件 Exergy Calculator（参见附录 B.1）还可以计算更多条件需求的标准物质品位数据。

物质品位可以广泛用于各种简单或复杂的物系评价。例如：

① 高含水量（约 40%）低阶煤，经过脱水提质处理，其 $\alpha(T, p, x)$ 的数值将发生很大变化。

② 沼气，经过脱碳（去除其中的 CO_2），物质品位将得到提高。

③ 化学工艺加工过程的物流借助 $\alpha(T, p, x)$ 的数值可以了解从原料到产品的变化。

④ 根据不同可再生燃料（纤维素燃料、生物柴油、城市垃圾等）的 $\alpha(T, p, x)$ 值，可以评价它们的开发意义等。

需要注意的是，在"A.4 压力低于 100 kPa 条件下的㶲值和焓值"的章节中，GB/T 14909—2021 特别指出"压力低于 100 kPa 条件下的㶲值和焓值计算仅适用于过程㶲分析或过程品位评价"。言外之意即压力低于 100 kPa 无法进行物质品位的讨论。因为，GB/T 14909—2021 给出的环境基准物体系处于 298.15 K 和 100 kPa 的状态。

> 计算例 | **物质品位**
>
> 物质品位的计算案例见 GB/T 14909—2021 的附录 B.2 甲醇合成与分离工艺的㶲分析以及本书的附录 C.1.1 纯物质㶲值与焓值的计算、C.1.2 混合物㶲值与焓值的计算、C.3 城市可燃垃圾的物质品位评估和 C.6 锅炉的㶲分析。

（2）过程品位

GB/T 14909—2021 给出**过程品位**（energy level of process）的如下具体定义和计算公式。

6.4.2 过程品位

过程品位按公式（11）计算：

$$A = \frac{\Delta E}{\Delta H} = \frac{E_2 - E_1}{H_2 - H_1} \qquad\qquad (11)$$

式中：

A ——过程品位；

ΔE，ΔH ——分别为体系从状态 1（初始状态）变化到状态 2（终了状态）时的过程㶲值变化与过程焓值变化，单位为千焦每摩尔（kJ/mol）；

E_1，E_2 ——分别为处于状态 1 和状态 2 下体系的状态㶲值，单位为千焦每摩尔（kJ/mol）；

H_1，H_2 ——分别为处于状态 1 和状态 2 下体系的状态焓值，单位为千焦每摩尔（kJ/mol）。

各类基本过程（单元设备）的品位分析见 A.5。

① **A 的基本特性** 从公式（11）可以看出，过程品位 A 与物质品位 $\alpha(T, p, x)$ 不同，它的数值取决于过程的能量性质变化（ΔE 和 ΔH）。从这个意义上理解，可以说 A 是一个热力学的过程量。

热力学的过程指的是对象体系因能量交换与能量转化从一个状态到另一个状态的变化。这些过程发生原因可以是物理的或化学的，表现就是温度、压力或化学组成发生了变化。

热力学上有各种等值过程，例如，等温过程、等压过程和等容过程，多个过程首尾相接，可以构成循环（对象系统经一系列变化后又回到原来状态）。实际中的复杂系统，例如由许多过程按一定特征构成树状结构的生产系统，则被称为生产过程（或生产工艺）。所以，A 的应用非常广泛。

热和功都是过程量，都可以用 ΔE 和 ΔH 表征，当然也就可以用公式（11）表示。

根据是否存在相关过程间的能量授受，将实际中的过程分成两类。一类是独立过程：

a．流体在阀门中的节流膨胀或在透平中的绝热膨胀；

b．混合物在压力的作用下通过渗透膜而被分离。

另一类是耦合过程：

a．换热器中的热物流与冷物流经过热交换，热物流的温度下降，而冷物流的温度升高；

b．通过水泵，水被增压，消耗了电；

c．等温反应器在冷却剂的冷却下，进口的反应物转变成产物，化学反应过程与冷却剂的升温过程耦合。

②**A 的数值有可能大于 1** 无疑，过程的能量特性值 ΔE 和 ΔH 决定了 A 的数值。需要认识到 A 是个比值，这个比值有可能大于 1。例如，透平机中的气态膨胀过程以及剧烈的燃烧反应等。

③**A 用于过程分析与系统能量集成** 另外，A 可以转化为进行换热网络热集成的工具。

夹点技术（Ian C K, 2010）是进行换热网络系统**热集成**（heat integration）的有效工具（参见附录 C.9.5）。它的基本图示工具是 $T\text{-}Q$ 图（温度 - 热负荷图）。该图的纵坐标与横坐标分别为温度 T 和热负荷 Q。夹点技术以规定方法将换热网络各个换热过程的 $T\text{-}Q$ 曲线连接起来，并以规定的方法进行分析。

设换热物流的比热容为常量，可有：

$$\Delta E_q = m c_p \left[\left(T_2 - T_1 \right) - T_0 \ln \left(\frac{T_2}{T_1} \right) \right] \tag{3-11}$$

$$\Delta H_q = m c_p \left(T_2 - T_1 \right) \tag{3-12}$$

则：

$$A = \frac{\Delta E_q}{\Delta H_q} = 1 - \frac{T_0}{T} \tag{3-13}$$

$T\text{-}Q$ 图中的热负荷 Q 也可以表示成 ΔH，如果将 $T\text{-}Q$ 图的纵坐标温度 T 替换为换热过程品位 A，即 $1 - T_0/T$，则可以得到 $A\text{-}\Delta H$ 图，即 $(1 - T_0/T)\text{-}\Delta H$ 图。如图 3-1 所示，在 $(1 - T_0/T)\text{-}\Delta H$ 图中，驱动过程线与横坐标所围面积表示供热过程给出的㶲，而目标过程线下的面积则为受热过程所接受的㶲，两条过程线之间的面积表示的是过程的内部㶲损失。$(1 - T_0/T)\text{-}\Delta H$ 图也可以用于换热网络分析，以探索其改进途径，减小系统的内部㶲损失，减少系统公用工程的消耗，实现换热网络的能量集成。

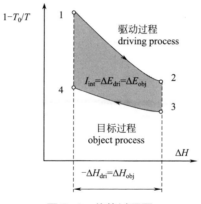

图 3-1 传热过程图

计算例

过程品位

过程品位用于过程分析的计算案例见 GB/T 14909—2021 的附录 B.1 四种建筑供热方式㶲分析及品位分析以及本书的附录 C.2.2 负环境压力状态下化学反应的㶲变和焓变计算、C.7 家用空调蒸发器的㶲分析和 C.9 能量集成与㶲分析：芳烃分离系统。

第4章

分析：㶲分析怎么做？

　　根据考查的目的、对象以及拟采用的手段，或者根据评价对象的复杂程度，将㶲分析方法做一下分类应该有益于理解"㶲分析怎么做"这个问题。例如，这里可以把㶲分析分成三类，即状态㶲分析、过程㶲分析和系统㶲分析。其实，如前所述状态、过程和系统（或体系）是热力学的三个基本概念。

　　一方面，三者在热力学理论上具有各自的特定概念，如下：

　　① **状态㶲分析**　以某个状态（一个点）为对象体系，用㶲函数考查和表征该状态的能量特性。此时需要该状态的温度、压力和化学组成信息，以确定该状态的㶲和焓。

　　② **过程㶲分析**　以某两个状态（两个点）及其之间的联系（过程）为对象体系，用㶲函数考查和表征该过程在外界能量交换作用下的能量特性变化。此时需要该过程两个状态（起始态和终了态）的信息，以分别确定两个状态的㶲和焓。

　　③ **系统㶲分析**　以多个状态（多个点）及其之间的联系（多个过程）为对象体系，用㶲函数考查和表征该体系在与外界进行能量交换和物质交换作用下，内部过程或整个体系的能量特性。此时需要该体系所有状态的信息，以分别确定所有状态的㶲和焓。

　　另一方面，这三者都源于实际。例如，对象状态可以是流程中的某个物流、某种待进行物质品位评估的可再生燃料等，也可以是某个热量传递过程、某个化学反应过程等，还可以是某个发电系统、某个化学品生产系统等。显然，上述三类㶲分析需要的数据、使用的方法、评价指标等会有所不同。

本章主要针对 GB/T 14909—2021 给出的㶲分析方法与步骤做标准内容释义，即回答上面提及的三类㶲分析方法所涉及的问题并详细说明㶲分析的步骤。

4.1 状态㶲分析怎么做？

如上所述，**状态㶲分析**（exergy analysis of state）是以某个状态（一个点）为对象体系，考查该状态的㶲函数特性。这一状态可以是一个纯组分体系，也可以是一个多组分的物质体系。它处于热力学平衡状态，即与其相关的外界达到力的平衡与热平衡。另外，其内部可以是均相或多相的，且达到相平衡与化学平衡。该状态的基本参数为温度、压力和化学组成，设其化学组分有 N 种，则该状态组分相关的独立状态参数有 $(N-1)$ 个，因为还有一个变量关联模型：

$$\sum_{i=1}^{N} x_i = x_1 + x_3 + \cdots + x_i + \cdots + x_N = 1 \tag{4-1}$$

加上温度和压力，则体系的独立变量有 $(N-1)+2$ 个，即 $(N+1)$ 个。可以将这 $(N+1)$ 个独立变量简写为 $(T, p, \underline{x})$。温度、压力和组成都是实际可以测量的数值，可以根据这组 $(T, p, \underline{x})$ 来确定该状态的状态函数数值。例如，表征该状态的焓 $H(T, p, \underline{x})$ 以及㶲 $E(T, p, \underline{x})$。由此可以一目了然地知道，该状态的焓和㶲都分别取决于这组独立变量 $(T, p, \underline{x})$。

从第 2 章可知，考查某个状态所需的㶲值和焓值实际上都是借助该状态的温度、压力和组成。从第 3 章可知，基于该状态的㶲值与焓值，可计算出该状态的物质品位。当然，GB/T 14909—2021 给出的仅仅是均相体系的原则计算方法，并没有给出更为复杂体系的计算方法，例如涉及多相的相平衡体系或涉及化学反应的化学平衡体系。感兴趣的读者可以参考更多相关化学热力学的文献（Smith J M，2014）。某个状态所具有的三个参数——焓值、㶲值和物质品位，是表征该状态能量性质的工具。以下是两个状态㶲分析的示例。

（1）流程工业中某个工艺物流的评价

所谓流程工业（又称为过程工业）是指像钢铁、冶金、石油、化工、制药、环保水处理等流程行业，所谓工艺物流指的是某种生产工艺流程中的物料。可以用焓值、㶲值和物质品位去评价某个状态下物流的能量性质。

（2）某种未来燃料的评价

近年来，所谓的"未来燃料"引人关注。例如近年来大力发展的中低阶煤，非常规油气等化石燃料以及生物柴油、生物醇、纤维素燃料、沼气和城市垃圾等可再生燃料。借助 GB/T 14909—2021 给出的方法，同样可以评估它们的开发价值与实用意义。

> **计算例**
>
> **状态㶲分析**
>
> GB/T 14909—2021 的附录 B 能量系统㶲分析实例和本书的附录 C 㶲值计算与㶲分析示例给出了多个过程㶲分析与系统㶲分析的案例，多数案例都涉及状态㶲分析，其中给出了流程中各个物流状态的焓值、㶲值和物质品位数据，据此可以把握各个状态的能量特性。附表 A.5 部分复杂组成燃料的标准㶲与标准焓给出了数十种未来燃料的基本数据。
>
> 另外，状态㶲分析的计算案例见本书的附录 C.1 物质㶲值与焓值的计算、C.2 负环境压力下㶲值与焓值的计算和 C.3 城市可燃垃圾的物质品位评估。

4.2　过程㶲分析怎么做？

之前提及，**过程㶲分析**（exergy analysis of process）是以某两个状态（两个点）及其之间的联系（过程）为对象体系，考查该过程在外界能量交换或物质交换作用下的㶲函数特性变化。这里讲的过程是狭义的基本过程，而在实际的能量系统中存在各种各样的过程，它们是构成更为多样和更为复杂的用能设备或用能系统的基本单元，所以又称为单元过程；有时也将一些复杂的对象称为过程系统。

在系统㶲衡算中，其内部由㶲供给侧过程和㶲接受侧过程两个基本单元构成。这恰恰是许多实际用设备的能量授受关系与㶲授受关系的基本构型。针对实际用能设备，GB/T 14909—2021 将实际过程分成：流动过程、换热过程、化学反应过程、混合过程、分离过程 5 个类型，给出如下 14 种基本过程的㶲损失、㶲效率与过程品位的分析与计算方法。

> **标准原文**
>
> **A.5　基本过程的㶲平衡、㶲损失、㶲效率与过程品位**
>
> 针对实际单元设备，表 A.6 列出了 5 类基本过程的能量衡算、㶲衡算、㶲损失与㶲效率的计算方法，其中的能量衡算均忽略了热损失和机械损失等。每类过程均举例说明了几种具有不同特征的情况。同时，还列出了过程品位的分析方法。

表 A.6　几种基本过程的㶲损失、㶲效率与过程品位的计算方法

过程	①流体流动		
特征或目的	输出功	输入功	输入功
实际过程或设备	汽（气）轮机、内燃机	压缩机、泵、风机	真空泵
图示	[示意图：方框，H_1,E_1 输入，H_2,E_2 输出，W 向上输出]	[示意图：方框，H_1,E_1 输入，H_2,E_2 输出，W 向上输入]	[示意图：方框，H_1,E_1 输入，H_2,E_2 输出，W 向上输入]
能量平衡	$H_1 = H_2 + W$	$H_1 + W = H_2$	$H_1 + W = H_2$
㶲平衡	$E_1 = E_2 + W + I_{int}$	$E_1 + W = E_2 + I_{int}$	$E_1 + W = E_2 + I_{int}$
内部㶲损失	$I_{int} = E_1 - E_2 - W$	$I_{int} = E_1 + W - E_2$	$I_{int} = E_1 + W - E_2$
普遍㶲效率	$\dfrac{W}{E_1 - E_2} = 1 - \dfrac{I_{int}}{E_1 - E_2}$	$\dfrac{E_2 - E_1}{W} = 1 - \dfrac{I_{int}}{W}$	$\dfrac{E_2 - E_1}{W} = 1 - \dfrac{I_{int}}{W}$
㶲供给侧过程	流体膨胀过程	动力机械运转	动力机械运转
过程品位	$(E_2 - E_1)/(H_2 - H_1)$	1	1
㶲接受侧过程	动力机械运转	流体压缩过程	流体被抽成负压
过程品位	1	$(E_2 - E_1)/(H_2 - H_1)$	$(E_2 - E_1)/(H_2 - H_1)$

过程	①流体流动	②换热过程	
特征或目的	节流膨胀	热量传递	冷量传递
实际过程或设备	阀门	换热器、加热器	制冷或低温系统的换热器
图示	[示意图：方框，H_1,E_1 输入，H_2,E_2 输出]	[示意图：$H_1,E_1 \to H_2,E_2$；$H_4,E_4 \to H_3,E_3$；中间 $Q\|\Delta E_q$]	[示意图：$H_1,E_1 \to H_2,E_2$；$H_4,E_4 \to H_3,E_3$；中间 $Q\|\Delta E_q$]
能量平衡	$H_1 = H_2$	$H_1 + H_3 = H_2 + H_4$	$H_1 + H_3 = H_2 + H_4$
㶲平衡	$E_1 = E_2 + I_{int}$	$E_1 + E_3 = E_2 + E_4 + I_{int}$	$E_1 + E_3 = E_2 + E_4 + I_{int}$
内部㶲损失	$I_{int} = E_1 - E_2$	$I_{int} = E_1 + E_3 - E_2 - E_4$	$I_{int} = E_1 + E_3 - E_2 - E_4$
普遍㶲效率	$\dfrac{E_2}{E_1}$	$\dfrac{E_4 - E_3}{E_1 - E_2} = 1 - \dfrac{I_{int}}{E_1 - E_2}$	$\dfrac{E_1 - E_2}{E_3 - E_4} = 1 - \dfrac{I_{int}}{E_3 - E_4}$
㶲供给侧过程	—	放热过程	供冷过程（吸热）
过程品位	—	$(E_2 - E_1)/(H_2 - H_1)$	$(E_4 - E_3)/(H_4 - H_3)$
㶲接受侧过程	—	吸热过程	受冷过程（放热）
过程品位	—	$(E_4 - E_3)/(H_4 - H_3)$	$(E_2 - E_1)/(H_2 - H_1)$

过程	③化学反应过程		
特征或目的	绝热反应	放热反应	吸热反应
实际过程或设备	绝热反应器	有冷却的反应器	有加热的反应器
图示			
能量平衡	$H_1 = H_2$	$H_1 + H_3 = H_2 + H_4$	$H_1 + H_3 = H_2 + H_4$
㶲平衡	$E_1 = E_2 + I_{int}$	$E_1 + E_3 = E_2 + E_4 + I_{int}$	$E_1 + E_3 = E_2 + E_4 + I_{int}$
内部㶲损失	$I_{int} = E_1 - E_2$	$I_{int} = E_1 + E_3 - E_2 - E_4$	$I_{int} = E_1 + E_3 - E_2 - E_4$
普遍㶲效率	$\dfrac{E_2}{E_1}$	$\dfrac{E_4 - E_3}{E_1 - E_2} = 1 - \dfrac{I_{int}}{E_1 - E_2}$	$\dfrac{E_2 - E_1}{E_3 - E_4} = 1 - \dfrac{I_{int}}{E_3 - E_4}$
㶲供给侧过程	—	放热反应过程	供热过程
过程品位	—	$(E_2 - E_1)/(H_2 - H_1)$	$(E_4 - E_3)/(H_4 - H_3)$
㶲接受侧过程	—	冷却过程	吸热反应过程
过程品位	—	$(E_4 - E_3)/(H_4 - H_3)$	$(E_2 - E_1)/(H_2 - H_1)$

过程	③化学反应过程	④混合过程	
特征或目的	电解	绝热混合	放热混合
实际过程或设备	电解槽	绝热混合器	有冷却的混合器
图示			
能量平衡	$H_1 + W = H_2$	$H_1 + H_2 = H_3$	$H_1 + H_2 + H_4 = H_3 + H_5$
㶲平衡	$E_1 + W = E_2 + I_{int}$	$E_1 + E_2 = E_3 + I_{int}$	$E_1 + E_2 + E_4 = E_3 + E_5 + I_{int}$
内部㶲损失	$I_{int} = E_1 + W - E_2$	$I_{int} = E_1 + E_2 - E_3$	$I_{int} = E_1 + E_2 + E_4 - E_3 - E_5$
普遍㶲效率	$\dfrac{E_2 - E_1}{W} = 1 - \dfrac{I_{int}}{W}$	$\dfrac{E_3}{E_1 + E_2}$	$\dfrac{E_5 - E_4}{E_1 + E_2 - E_3} = 1 - \dfrac{I_{int}}{E_1 + E_2 - E_3}$
㶲供给侧过程	供电过程	—	混合过程
过程品位	1	—	$(E_1 + E_2 - E_3)/(H_1 + H_2 - H_3)$
㶲接受侧过程	电解反应过程	—	冷却过程
过程品位	$(E_2 - E_1)/(H_2 - H_1)$	—	$(E_5 - E_4)/(H_5 - H_4)$

㶲分析的概念与方法

GB/T 14909—2021《能量系统㶲分析技术导则》解读

过程	⑤分离过程	
特征或目的	输入热的分离	输入功的分离
实际过程或设备	蒸馏釜	微分过滤、反渗透
图示		
能量平衡	$H_1+H_4=H_2+H_3+H_5$	$H_1+W=H_2+H_3$
㶲平衡	$E_1+E_4=E_2+E_3+E_5+I_{int}$	$E_1+W=E_2+E_3+I_{int}$
内部㶲损失	$I_{int}=E_1+E_4-E_2-E_3-E_5$	$I_{int}=E_1+W-E_2-E_3$
普遍㶲效率	$\dfrac{E_2+E_3-E_1}{E_4-E_5}=1-\dfrac{I_{int}}{E_4-E_5}$	$\dfrac{E_2+E_3-E_1}{W}=1-\dfrac{I_{int}}{W}$
㶲供给侧过程	供热过程	机械功或供电
过程品位	$(E_5-E_4)/(H_5-H_4)$	1
㶲接受侧过程	分离过程	分离过程
过程品位	$(E_2+E_3-E_1)/(H_2+H_3-H_1)$	$(E_2+E_3-E_1)/(H_2+H_3-H_1)$

　　表 A.6 逐一列出了这些基本过程的特征或目的、对应的实际过程或设备以及图示，以便读者比照选定的对象过程，对号入座。表 A.6 给出了过程对应的能量平衡计算式、㶲平衡计算式、内部㶲损失计算式和㶲效率计算式，以便获得过程㶲分析的数据。出于对简化问题与突出过程关键特征等考虑，其中的能量衡算均忽略了过程的动能变化、位能变化以及保温不良造成的热损失。特别地，表 A.6 还分别给出了基于过程的能量授受关系说明，即过程对应的㶲供给侧过程及其过程品位的分析与计算式，以及㶲接受侧过程及其过程品位的分析与计算式。

　　表 A.6 的内容是基础性的，不仅是一个方法示例，而且是开展过程㶲分析与系统㶲分析的基本工具。实际单元设备的过程㶲分析方法包括表 A.6 的内容但不限于此，读者可以根据其他具体单元设备的特殊情况，拓展新的方法表示。

　　可以理解，本书前面不同章节已经提及的一些关键的工作在过程㶲分析中是需要特别关注的，例如：须明确过程特征或目的；须理清过程的能量授受关系；须在过程的质量衡算和能量衡算的基础上开展过程㶲衡算；须选择适宜的过程评价指标等。

过程㶲分析

过程㶲分析的计算案例见 GB/T 14909—2021 的附录 B.1 四种建筑供热方式㶲分析与品位分析，以及本书的附录 C.4 封闭体系的㶲变计算：压缩封闭在气缸内的空气、C.5 管路流体输送过程的㶲分析、C.6 燃气热水锅炉的㶲分析和 C.7 家用空调蒸发器的㶲分析。

4.3 系统㶲分析怎么做？

系统㶲分析（exergy analysis of system）是以多个状态（多个点）及其之间的联系（多个过程）为对象体系，考查该体系在与外界进行能量交换和物质交换作用下其内部过程或整个体系的能量特性。可以将系统㶲分析分成两种场景来进一步解释这个一般化的概念。

（1）"过程 - 系统"㶲分析

基于多个过程的能量性质变化（各个过程的焓差 ΔH 和㶲差 ΔE 以及相应的过程品位 A 及其变化）进行㶲分析。

例如图 4-1 描述了一个驱动过程作用于一个目标过程的孤立体系。当然，也可以由两个以上的过程，比如三个、四个或更多过程，构成这种场景。此时被关注的是过程之间的能量交换，而不是孤立体系的边界。因为孤立体系与外界既没有物质交换，又没有能量交换。系统的能量特性取决于过程之间的能量交换，也就是说，取决于过程焓差 ΔH 与过程㶲差 ΔE 以及过程中过程品位 A 及其变化。通常，构成这种场景的过程数量以及之间的关联相对简单。例如，一台锅炉或一个空调系统。

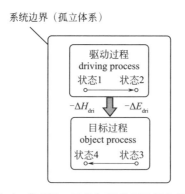

图 4-1 "过程 - 系统"㶲分析的概念模型

如果对象系统纯粹是能量交换而无质量交换和化学反应，"过程 - 系统"㶲分析法还有一个数据特点，就是可以不必关注数据的基准态，因为此时的系统能量分析基于各个过程的焓差 ΔH 和㶲差 ΔE 以及相应的过程品位及其变化，而数据的基准态在求函数差值时被抵消了。就像两个人在山顶比高矮，直接比绝对身高就可以了，而不必比较各自的海拔高度。需要注意，环境参考态温度和环境参考态压力依然需要选定。

（2）"状态 - 系统"㶲分析

基于多个状态点的能量性质［各个状态的焓 $H(T, p, \underline{x})$ 与㶲 $E(T, p, \underline{x})$ 以及相应的物质品位 $\alpha(T, p, \underline{x})$］进行㶲分析。

例如图 4-2，描述了由三个子系统构成的场景。此时，系统与子系统的边界都是关注的对象。子系统 A、B 和 C 之间存在物流输入与输出的关联。这些物流都标注了物流号。此时，系统的特性取决于子系统的贡献（子系统的能量特性）。然而，正是这些物流状态点的能量性质［焓 $H(T, p, \underline{x})$、㶲 $E(T, p, \underline{x})$ 以及物质品位 $\alpha(T, p, \underline{x})$］形成了子系统的能量特性，也就形成了系统的能量特性。通常，构成这种场景的系统相对复杂。例如，一个发电厂或一套化工生产装置。

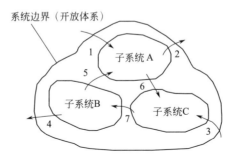

图 4-2　"状态 - 系统"㶲分析的概念模型

与"过程 - 系统"㶲分析法完全不同，"状态 - 系统"㶲分析法的数据特点是基准态选择须统一。因为此时的系统能量分析基于各个状态的焓 $H(T, p, \underline{x})$ 与㶲 $E(T, p, \underline{x})$ 以及相应的物质品位 $\alpha(T, p, \underline{x})$，而统一的基准态是可比较（相对于同一数值基准的规定值）、可计算（可加减）的基本条件。例如，对一个氨水混合物和水蒸气的系统做㶲分析，如果通过查热力学图或热力学表获取数据，氨水混合物的数据源与水蒸气的数据源必须选择相同的数值基准态，否则需要做数值校正。

4.4 如何实施㶲分析的各个步骤？

逐一实施 GB/T 14909—2021 给出的七个㶲分析的步骤，可以应对上述任何一种场景。其中的第一步是：

7.1 确定对象系统

参照 GB/T 17781 界定评价对象系统的边界、子系统的分割方式，以及穿过边界的所有物质和能量（例如功或热量），并以示意图说明。选择适宜形式表格，列表说明系统的参数，例如各个工艺物流节点的温度、压力、流量与物质组成等。

总体上，这一步要明确评价对象系统以及开展㶲分析的条件和参数。

① **界定系统边界和子系统** 根据㶲分析的评价目标，把核心部分及其相关部分包括在系统里面，尽可能突出要点，舍弃次要的或相关度小的局部。划分子系统则要根据工作的必要性（通常子系统划分越细，需要的数据越多，工作量越大）以及对分析结果的预判（划分到什么程度，可以展示系统存在的问题）和力图表现子系统之间的何种关联等。有时在初步结果出来以后，发现子系统划分得不合适，又需要返回前面来修改、调整。

② **明确物流和能流** 首先，选择适宜的节点，明确物流和能流的数目，做分类和编号，编制**系统条件表**，甚至做必要的说明。其次，明确物流和能流的参数，包括物流的温度、压力、流量与组成，以及能流必要特征量，例如电量、热流的温度与量等等。

③ **编制系统条件表与绘制系统示意图** 需要认真绘制描述界定系统边界和子系统的**系统示意图**，认真编制和汇集**物流和能流数据表**，这两项工作非常重要。首先，系统示意图的内容与系统条件表的数据应该是正确的。例如，系统与子系统的输入与输出，物料应遵守质量守恒关系，能量应遵守能量守恒关系。当然，这可能一步做不到，需要在实施后面的步骤后核实，必要时返回这里修改、调整。其次，系统示意图与系统条件表是相互关联的。例如，系统示意图中的物流号（物流名称）和能流号（能流名称）应与系统条件表对应。一般，系统条件表的表头与其后各个步骤中表格的标注内容相同，即该表头是通用的（见 GB/T 14909—2021 的附录 B 能量系统㶲分析实例和本书的附录 C 㶲值计算与㶲分析示例）。

实施 GB/T 14909—2021 㶲分析步骤的第二步是：

7.2 明确环境参考态的选择

一般情况下宜采用本文件的环境参考态（见4.1）；涉及化学反应和物质品位等物质组成的㶲分析，应采用本文件的环境参考态；如需酌情选择其他的环境参考态温度与（或）环境参考态压力，应予以特别说明（参见附录B.1）；相互比较的㶲分析，应采用相同的环境参考态。

环境参考态是㶲分析计算的数值基准，需要首先选定，无论是否选择GB/T 14909—2021规定的环境参考态，都应该在实施㶲分析之前声明。

① **选择GB/T 14909—2021规定的环境参考态**　GB/T 14909—2021推荐将此作为首选有很多理由。例如它涵盖了绝大多数实际场合，数据计算更为准确，不同评价系统之间便于比较等。

② **自行规定其他环境参考态**　对于那些有特殊考虑或特殊要求的㶲分析场合，GB/T 14909—2021亦明确环境参考态的选择是开放的。也就是说，标准使用者可以酌情选择不同于GB/T 14909—2021的环境参考态温度、压力。例如，GB/T 14909—2021的附录B.1的案例"四种建筑供热方式㶲分析及品位分析"就是"根据所在地区情况设环境温度T_0为20 ℃（293.15 K）"。甚至，标准使用者可以选择其他的环境基准物体系。需要提醒，那将是一项复杂的工作。GB/T 14909—2021的A.4给出了"压力低于100 kPa条件下的㶲值和焓值"的计算方法，也类似于自行规定其他环境参考态的情况。

无论选择上述何种与GB/T 14909—2021不同的环境参考态，都需要清楚，由此将导致无法利用GB/T 14909—2021规定的环境基准物体系开展物质品位分析。

③ **采用相同的环境参考态**　显然，对于那些有多个㶲分析评价系统、需要对它们做相互比较的场合，则需要选择共同的数值基准。若环境参考态不同，㶲分析结果的可比性将不复存在。

实施GB/T 14909—2021㶲分析步骤的第三步是：

7.3 说明计算依据

说明特殊的设定、简化和省略条件。说明所使用的热力学基础数据（如物质的热容、焓和熵等）的来源。列出直接应用本文件的计算公式或由本文件定义外延得到的数学关系式，并说明使用条件。必要时，宜说明采用的数值计算软件。

同样的对象问题，采用不同来源的基础数据，或采用不同的数据获取方法（例如计算焓和㶲的不同状态方程），或采用不同的数据处理手段（例如不同编程方法或不同计算机软件）等，得到的数值结果或多或少总会有些差异，也就会不同程度地影响㶲分析结论的客观性。因此，说明计算依据很有必要。这不仅有助于提高㶲分析数值结果的有效性和可验证性，而且有助于使多个评比系统的数值处理方法一致，从而提高不同系统之间数值结果的可比性。通常，至少需要给出如下几项关于计算依据的说明。

① **说明设定条件、简化和假定条件**　这一条包括的内容很多，凡是在数据处理中采用的特别规定和解决办法以事先声明为宜。例如，将混合物视为理想混合物，忽略管路的流体输送阻力，设定设备的热损失为其热负荷的 5%，设定空气的组成为 79%（体积分数）氮气和 21%（体积分数）氧气，忽略排烟的定压比热容随温度的变化〔如将其设为常数 1.37 kJ/(kg·K)〕等。

② **说明热力学基础数据的来源**　为了保证热力学的一致性，热力学基础数据（例如物质的热容、标准生成焓、标准熵和标准生成 Gibbs 自由能等）应尽量选取自同一个数据源——一部手册或一个数据库系统等等。即使不得不选用不同来源的数据，也需要认真核实，以确认不致引起不可接受的误差。例如，大部分手册没有 Na_2CO_3 的标准生成 Gibbs 自由能，但是有 $CaCO_3$ 的。另外一部有 Na_2CO_3 数据的手册，同时也有 $CaCO_3$ 的数据。如果两部手册 $CaCO_3$ 的数据差别不大，这个 Na_2CO_3 数据基本就是可靠的。

③ **说明数值处理的方法**　GB/T 14909—2021 的正文与附录 A 已经给出了必要的常用计算式（热力学性质用的模型），系统分析用的模型都在 GB/T 14909—2021 的正文里。数值处理方法并非一定要在这个步骤交代，更适宜的方式是在实施以下的㶲分析步骤时（例如，在进行系统的㶲衡算或计算某个热力学性质的时候）予以说明，如有外延推导或变形转换也应予以说明，必要时亦可给出使用的限制条件。

④ **说明数值处理手段**　为了提高数值结果的质量，提高工作时效，有必要采用适当的计算软件以辅助数值计算。实际上，作为完整的、高质量的㶲分析报告，说明具体采用的计算软件，甚至计算中所选择的具体应用功能选项都很必要——表明数据结果的有效性、可验证性、可比较性等。

实施 GB/T 14909—2021 㶲分析步骤的第四步是：

7.4　进行焓值与㶲值的计算

根据选定的环境参考态条件、计算依据和方法，计算出㶲分析和能量品位分析所需要的系统各个物流的焓值、㶲值和物质品位；或计算出各个用能单元设备内部过程的焓值变化、㶲值变化和过程品位。然后，列表整理计算结果。表格形式和内容宜与 7.1 的系统条件参数对应。

基于步骤 7.3（第三步）给出的系统条件表计算出各个物流的焓值和㶲值，并参照系统条件表的物流编号整理成**物流的焓值数据表**和**物流的㶲值数据表**。基于系统物流的焓值数据表和物流的㶲值数据表，可以对应编制出**物流的物质品位数据表**。或者可以简明处理，将系统物流的焓值、㶲值和物质品位数据集中表示。

需要注意，前面说到的系统条件表的表头在此可以通用。也就是说，系统物流的焓值、㶲值和物质品位数据表的表头与系统条件表的表头以项目相同为宜（见 GB/T 14909—2021 的附录 B 能量系统㶲分析实例和本书的附录 C 焓值计算与㶲分析示例中的系统㶲分析案例）。

实施 GB/T 14909—2021 㶲分析步骤的第五步是：

7.5　进行能量衡算

宜首先核实系统的质量衡算；建立系统的能量衡算关系，进行能量衡算。用能单元设备的能量衡算应符合 GB/T 2587 的规定，企业的能量衡算应符合 GB/T 3484 的规定。列表整理计算结果。表格形式和内容宜与 7.4 的表格对应。同时，宜体现输入与输出（包括损失）之间的能量平衡关系。亦可计算系统和用能单元设备的能效，绘制能流图，以备分析比较。

强调对象系统的物料衡算（质量衡算）和能量衡算是进一步开展㶲衡算与㶲分析的基础。换言之，没有确凿、可靠的物料衡算和能量衡算数据，不可能获得有效的㶲分析结果。

这一步骤的工作基于第一步（步骤 7.1）给出的系统示意图和第四步（步骤 7.4）获得的**物流的焓值数据表**，针对系统中的各个用能单元（或子系统）开展能量衡算，进而编制**系统的能量衡算表**。此表分作左右两列以表示输入与输出（参见 GB/T 14909—2021 的附录 B 能量系统㶲分析实例和本书的附录 C 焓值计算与㶲分析示例中的系统㶲分析案例）。

如果发现能量衡算导致物流数据，甚至能量衡算相关假设等条件不符，则需要返回前面的对应步骤，调整前面的设定条件。例如，返回步骤一或返回步骤三。

如果有需要（例如，作为㶲分析的参考和比较分析），可以基于能量衡算表的数据，计算出有关的系统能效指标、动力或热力系统的热效率、单位产品能耗等。另外，还可以基于能量衡算表的数据绘制**系统的能流图**（energy flow diagram），如图4-3所示。图4-3中能流的幅宽表示能量数量。可见，输入与输出能流幅宽相等。

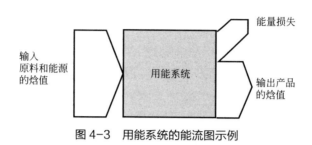

图4-3　用能系统的能流图示例

实施 GB/T 14909—2021 㶲分析步骤的第六步是：

7.6　进行㶲衡算

建立与系统的能量衡算关系所对应的㶲衡算关系。计算出㶲效率、局部㶲损失率或局部㶲损失系数，以及单位产品的消耗㶲等评价指标。列表整理计算结果。表格形式和内容宜与 7.5 的表格对应。同时，宜体现输入㶲与输出㶲以及㶲损失之间的平衡关系；或支付㶲、收益㶲以及㶲损失之间的平衡关系。亦可绘制㶲流图，以备分析比较。

系统的㶲衡算与系统的能量衡算事项、方法相似，首先基于步骤 7.1 给出的系统示意图以及步骤 7.4 获得的**物流的㶲值数据表**，并根据 GB/T 14909—2021 的第 5 章㶲衡算（㶲平衡）给出的关系式，针对系统中的各个用能单元（或子系统）开展㶲衡算。需要注意的是，㶲损失计入平衡表的输出侧，包括外部㶲损失和内部㶲损失。然后，将计算结果编制成**系统的㶲衡算表**，类似于能量衡算表，该表也分作左右两列以表示输入与输出（参见 GB/T 14909—2021 的附录 B 能量系统㶲分析实例和本书的附录 C 㶲值计算与㶲分析示例）。

进一步，可以根据 GB/T 14909—2021 的第 6 章㶲分析的评价指标给出的关系式，基于㶲衡算表的数据计算有关的㶲效率和㶲损失分布等指标。

另外，如图 4-4 还可以基于㶲衡算表的数据绘制**系统的㶲流图**（exergy flow diagram）。对比图 4-3 可以发现，图 4-4 中输入原料和能源的㶲值的幅宽变窄了；输出产品的㶲值和对应能量损失所导致的外部㶲损失这两者幅宽之和小于输入侧；而且图 4-4 还多了一股输出的㶲流——内部㶲损失。

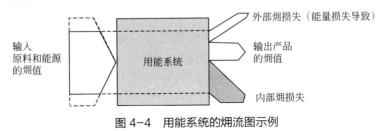

图 4-4 用能系统的㶲流图示例

制图例

㶲流图

㶲流图的制图案例见 GB/T 14909—2021 的附录 B.1 四种建筑供热方式㶲分析及品位分析以及本书的附录 C.6 锅炉的㶲分析。

实施 GB/T 14909—2021 㶲分析步骤的最后一步是：

7.7 开展评价与分析

根据上述计算结果，分析系统在能量利用过程中㶲的传递和利用情况，以减少过程的㶲损失，探明系统改进方向与节能潜力，参照 GB/T 35071 研究系统进一步合理用能的可能性。主要的㶲分析和能量品位分析工作包括：

a）以过程或系统的㶲效率和单位产品的消耗㶲等数据，评价过程或系统能量转化与利用特性；

b）考察系统的㶲损失分布，揭示系统中㶲损失的主要部位、㶲损失的大小与产生原因；

c）根据能量的授受关系，将过程分为㶲的供给侧与接受侧。通过比较供给侧与接受侧能的品位匹配情形，评价能量在两个过程间传递的合理性，并结合技术和经济可行性，针对性地采用适宜节能技术，适度把握过程之间推动力（温度差、压力差、或浓度差等热力学势差）；

d）根据物质品位数值的大小，认识其品位的高低水平。比较物质在能量转化与利用过程前后或相关状态能量品位变化，选择系统合理用能、高品质用能的技术途径与决策。

基于前面六个步骤，这一步是总结性的。GB/T 14909—2021 在这里给出的说明已经比较具体、比较详细。展开这一步骤时，首先需要根据评价目标选择适当的方法。例如，一般评价宜选效率指标，节能潜力分析宜选用㶲损失分布指标或品位分析法等。确定方法后，根据指标或方法的要求，㶲分析的数据应"对号入座"，才能保证指标数值正确。设计与采用适宜、"科学"的表格和图形，则可以清晰表达指标的数值结果，以利于系统能量特性的认知、存在问题的剖析和改进措施的探讨。

能量品位分析是㶲分析的深入和拓展工作，可以酌情取舍。可参照本书3.2.2 能量品位的介绍，在绘制适当分析图的基础上展开工作。例如，可以选择绘制能量品位变化图（参见 GB/T 14909—2021 的附录 B.1 四种建筑供热方式㶲分析及品位分析）以及 A-ΔH 图，即 $(1-T_0/T)$-ΔH 图等。

GB/T 14909—2021 的附录 B 能量系统㶲分析实例给出的两个㶲分析步骤与方法的计算实例，均采用上述 7 个步骤记述。另外，本书的附录 C 㶲值计算与㶲分析示例包含十多个用能过程或用能系统的㶲分析实例，多数也都是按照上述步骤展开㶲分析与结果讨论的。

> 计算例
>
> ## 系统㶲分析
>
> 系统㶲分析的计算案例见 GB/T 14909—2021 的附录 B.1 四种建筑供热方式㶲分析与品位分析和 B.2 甲醇合成与分离工艺的㶲分析，以及本书的附录 C.8 建筑暖通空调系统的㶲分析和品位分析、C.9 系统㶲分析和能量集成：芳烃分离系统、C.10 㶲经济分析：水泥窑余热发电系统、C.11 㶲环境分析：污泥消化装置和 C.12 㶲生态分析：燃气锅炉与太阳能锅炉的比较。

结语

到这里该结束了，不知读者阅后的感觉如何。作为编著者，借此机会想与读者交流几点想法与希望。

希望本书的简明化和实用化尝试是有效的

与一般的国家标准区别不大，总体上 GB/T 14909—2021 依然是条款式的表述。有碍标准编写的规定，正文里不便展开阐述一些具体的概念和方法。加之㶲分析本就是一个晦涩的热力学方法，致使 GB/T 14909—2021 的文本比较难以理解。虽然介绍㶲分析方法的书籍也有一些，但多数是教科书式的，通常不易学习。本书在章节构成、内容组织、案例分析等方面做了一些尝试，力图使 GB/T 14909—2021 释义和㶲分析方法解说之间能相互融合，尽可能使内容通俗。入门容易了，就会产生兴趣，带着问题去学和在学习中提出问题，甚至尝试着去解决实际问题，可以有效提升学习效果。非常希望这本书能给读者提供一个接触，甚至掌握㶲分析方法的捷径，以推动㶲分析方法进一步走向实用。

希望读者将本书作为一部手册或工具书

为了使读者能把㶲分析方法用起来，本书提供了很多支撑材料，包括数据、参考文献和计算机软件，特别是 12 个精选的㶲分析计算案例，占了本书过半的篇幅。这本书不仅是释义 GB/T 14909—2021 的宣贯读本，而且是关于与能源利用密切相关的热力学知识（关于热力学第二定律和㶲）的启蒙读物、科普读物。其实，更希望读者把它当作一本手册或一本工具书——也许有需要时还要再看看，还会不时想起来要从书中查阅一些内容，甚至要从中寻找一些借鉴以应解决实际问题之需……。非常希望它能实实在在地有助于读者在能源利用方面的学习与工作。

希望本书能助力国家的碳达峰与碳中和

我国煤资源虽然比较丰富，但油气能源却相对匮乏。多年的快速发展使我国成了世界工厂，在产业链完善、国产制造能力增强的同时碳排放总量加速攀升。发展低碳经济，重塑可持续发展的能源体系，对世界、对我国都具有重大意义。GB/T 14909—2021 的修订与本书面世之际，适逢国家向世界各国正式提出碳达峰与碳中和的承诺。无疑，实现这个目标需要全国人民确确实实地、长时间地"付出艰苦努力"，企业、团体或个人都需要从点点滴滴做起。希望 GB/T 14909—2021 与本书能助力国家 2030 年前达到二氧化碳的排放峰值，2060 年前实现二氧化碳"零排放"，达到碳中和。

希望能够得到读者的支持和指点

比起前两版，GB/T 14909—2021 的修订在更广的范围内征求和听取了修改意见，因为它有更多的创新探索和更新内容。限于编著者水平，本书难免会有表述不到位、无法完全满足读者需求等疏漏与不足，如有发现，恳请明示，以使在新版本得到改善。衷心希望，伴随 GB/T 14909 的不断修订和完善，在读者的支持下，本书能够成为一本"成长型"出版物。

最后，再次向为本书编撰与出版做出努力的各位专家、老师和同学们表示深深的谢意！

编著者
2021 年 10 月

附录A

㶲分析的数据表

表 A.1　元素的基准物质

元素	基准物质	元素	基准物质	元素	基准物质
Ag	AgCl	H	H_2O（液态）	Pr	PrF_3
Al	Al_2O_3	He	He（空气）	Pt	Pt
Ar	Ar（空气）	Hf	HfO_2	Rb	Rb_2SO_4
As	As_2O_5	Hg	$HgCl_2$	Rh	Rh
Au	Au	Ho	$HoCl_3 \cdot 6H_2O$	Ru	Ru
B	H_3BO_3	I	PdI_2	S	$CaSO_4 \cdot 2H_2O$
Ba	$Ba(NO_3)_2$	In	In_2O_3	Sb	Sb_2O_5
Be	$BeO \cdot Al_2O_3$	Ir	Ir	Sc	Sc_2O_3
Bi	BiOCl	K	KNO_3	Se	SeO_2
Br	$PtBr_2$	Kr	Kr	Si	SiO_2
C	CO_2（空气）	La	LaF_3	Sm	$SmCl_3$
Ca	$CaCO_3$	Li	$LiNO_3$	Sn	SnO_2
Cd	$CdCl_2$	Lu	Lu_2O_3	Sr	SrF_2
Ce	CeO_2	Mg	$CaCO_3 \cdot MgCO_3$	Ta	Ta_2O_5
Cl	NaCl	Mn	MnO_2	Tb	TbO_2
Co	$CoFe_2O_4$	Mo	$CaMoO_4$	Te	TeO_2
Cr	Cr_2O_3	N	N_2（空气）	Th	ThO_2
Cs	$CsNO_3$	Na	$NaNO_3$	Ti	TiO_2
Cu	CuO	Nb	Nb_2O_5	Tl	$TlCl_3$
Dy	$DyCl_3 \cdot 6H_2O$	Nd	NdF_3	Tm	Tm_2O_3
Er	$ErCl_3 \cdot 6H_2O$	Ne	Ne（空气）	U	$UO_3 \cdot H_2O$
Eu	$EuCl_3 \cdot 6H_2O$	Ni	$NiO \cdot Al_2O_3$	V	V_2O_5
F	Na_3AlF_6	O	O_2（空气）	W	$CaWO_4$
Fe	Fe_2O_3	Os	OsO_4	Y	Y_2O_3
Ga	Ga_2O_3	P	$3CaO \cdot P_2O_5$	Yb	Yb_2O_3
Gd	GdF_3	Pb	$PbCl_4$	Zn	$ZnSiO_3$
Ge	GeO_2	Pd	Pd	Zr	$ZrSiO_4$

表A.2　化学元素的标准㶲和标准焓

元素	标准㶲 / (kJ/mol)	标准焓 / (kJ/mol)	元素	标准㶲 / (kJ/mol)	标准焓 / (kJ/mol)	元素	标准㶲 / (kJ/mol)	标准焓 / (kJ/mol)
Ag(s)	86.682	99.412	H	117.595	137.079	Pr	978.331	1000.363
Al	788.246	796.683	He	30.140	67.764	Pt	0	12.403
Ar	11.585	57.723	Hf	1057.185	1070.184	Rb	354.783	377.664
As	386.237	396.880	Hg	134.914	157.542	Rh	0	9.392
Au	0	14.162	Ho	967.785	990.144	Ru	0	8.497
B	609.942	611.671	I	35.491	52.798	S	601.102	610.706
Ba	784.395	803.028	In	412.432	429.664	Sb	420.622	434.187
Be	594.317	597.149	Ir	0	10.584	Sc	906.794	917.109
Bi	308.235	325.139	K	388.586	407.876	Se	167.650	180.261
Br	25.842	48.531	Kr	0	48.926	Si	850.609	856.214
C	410.514	412.246	La	989.565	1006.529	Sm	879.632	900.826
Ca	714.003	726.373	Li	374.850	383.525	Sn	516.103	531.367
Cd	297.694	313.136	Lu	891.524	906.729	Sr	740.923	757.529
Ce	1021.528	1042.249	Mg	616.914	626.630	Ta	950.678	963.050
Cl	23.111	56.370	Mn	463.366	472.906	Tb	909.307	931.161
Co	240.301	249.275	Mo	713.769	722.329	Te	265.709	280.527
Cr	523.650	530.686	N	0.307	28.869	Th	1164.893	1180.814
Cs	399.816	425.218	Na	360.962	376.226	Ti	885.578	894.761
Cu	126.390	136.288	Nb	878.054	888.936	Tl	172.259	191.397
Dy	958.304	980.633	Nd	969.476	990.673	Tm	894.344	916.406
Er	977.880	984.139	Ne	27.057	43.620	U	1152.178	1167.193
Eu	873.949	897.143	Ni	218.475	227.390	V	704.656	713.272
F	211.392	241.624	O	1.937	32.513	W	795.480	805.262
Fe	367.821	375.960	Os	294.717	304.435	Y	905.416	918.654
Ga	496.288	508.452	P	863.668	875.971	Yb	860.494	878.323
Gd	988.211	1008.454	Pb	422.406	441.723	Zn	323.099	335.532
Ge	499.860	509.132	Pd	0	11.270	Zr	1062.882	1074.479

表A.3　部分单质和无机化合物的标准㶲和标准焓

化合物	聚集态	标准㶲 / (kJ/mol)	标准焓 / (kJ/mol)	化合物	聚集态	标准㶲 / (kJ/mol)	标准焓 / (kJ/mol)
AgBr	s	15.411	47.343	KIO_3	s	12.192	57.213
$AgNO_3$	s	59.411	101.420	$KMnO_4$	s	122.551	173.833
$AlCl_3$	s	227.611	260.194	K_2SO_4	s	66.484	118.809
$Al_2(SO_4)_3$	s	303.490	374.839	KOH	s	129.243	152.767
$AsCl_3$	s	196.705	260.091	KBr	s	34.217	62.807
As_2O_3	s	202.519	236.299	KCl	s	3.117	27.746

㶲分析的概念与方法
GB/T 14909—2021《能量系统㶲分析技术导则》解读

化合物	聚集态	标准㶲 / (kJ/mol)	标准焓 / (kJ/mol)	化合物	聚集态	标准㶲 / (kJ/mol)	标准焓 / (kJ/mol)
BH_3	s	1073.585	1129.607	K_2CO_3	s	128.171	174.536
BN	s	385.227	389.640	KCN	s	697.389	735.491
BaO	s	265.941	287.441	KI	s	101.176	132.874
$BaCl_2$	s	20.287	57.169	LiBr	s	58.793	80.857
$BaSO_4$	s	31.170	70.585	Li_2O	s	190.353	201.564
$BaCO_3$	s	81.494	114.913	Li_2SO_4	s	36.649	70.608
BeF	g	607.514	668.873	MgO	s	49.917	57.943
$Be(OH)_2$	s	17.451	33.432	$MgCl_2$	s	68.483	95.171
BeO	s	17.147	21.262	$MgCO_3$	s	21.030	40.615
Bi_2O_3	s	129.446	174.616	$Mg(OH)_2$	s	22.274	41.113
NaBr	s	37.778	63.658	$MgSO_4$	s	78.336	105.587
CaS	s	847.003	863.878	MnO	s	105.328	122.919
CaO	s	112.396	123.786	Mn_2O_3	s	51.403	84.351
$Ca(OH)_2$	s	54.593	79.456	Mn_3O_4	s	116.636	162.669
$CaCl_2$	s	11.393	43.713	N_2	g	0.613	57.739
CdF_2	s	71.030	95.985	Na_2O	s	347.474	369.866
$Cd(NO_3)_2$	s	46.937	108.952	$NaNO_2$	s	36.601	111.422
CO	g	275.315	334.259	NaOH	s	100.713	119.918
CO_2	g	20.033	83.772	NaBr	s	37.783	63.658
$CeCl_3$	s	112.840	157.860	Na_2SO_4	s	60.808	105.410
CoF_3	s	155.543	183.748	Na_2CO_3	s	90.052	131.438
$CoSO_4$	s	66.730	101.732	$NaHCO_3$	s	56.616	86.790
CsO_2	s	161.617	204.043	$NiSO_4$	s	64.741	94.947
CuF_2	s	330.956	369.566	NH_4NO_3	s	293.172	338.193
Cu_2O	s	106.837	134.389	HNO_3	l	42.995	89.387
$CuSO_4 \cdot H_2O$	s	54.383	97.916	NH_3	g	336.721	394.206
$FeAl_2O_4$	s	98.182	129.878	NO	g	88.834	151.682
$Fe(OH)_3$	s	20.947	52.135	NO_2	g	55.442	126.995
$Fe_2(SO_4)_3$	s	299.513	391.191	O_2	g	3.875	65.026
Fe_2SiO_4	s	217.790	261.085	O_3	g	169.011	240.239
H_2	g	235.189	274.158	P_2O_5	l	381.466	416.407
HBr	g	89.967	149.210	PbO	s	234.709	254.236
HCl	g	45.427	101.149	PbO_2	s	201.737	223.949
HF	g	54.287	106.103	$PbCl_2$	s	154.515	195.063
HgI_2	s	78.926	164.883	$PbBr_2$	s	213.206	261.385
HgO	s	78.290	99.255	$PbSO_4$	s	218.278	262.580

化合物	聚集态	标准㶲/(kJ/mol)	标准焓/(kJ/mol)	化合物	聚集态	标准㶲/(kJ/mol)	标准焓/(kJ/mol)
$HgSO_4$	s	148.998	190.799	$PbCO_3$	s	213.352	252.408
Hg_2SO_4	s	117.961	155.199	SO_2	g	304.931	378.931
HI	g	154.676	216.277	SO_3	g	235.879	312.444
H_2O	g	8.577	64.871	$TiNO_3$	s	729.167	777.169
H_2O_2	l	118.706	151.383	$TiCl_2$	s	418.258	444.286
H_3PO_4	l	100.603	145.559	SnO	s	260.93	277.980
Hg_2SO_4	s	117.961	155.199	SO_2	g	304.931	378.931
H_2S	g	803.005	864.363	ZnO	s	4.547	17.545
H_2SO_4	l	154.136	200.915	$ZnSO_4$	s	63.245	96.189

表 A.4　部分有机化合物的标准㶲和标准焓

化合物	聚集态	标准㶲/(kJ/mol)	标准焓/(kJ/mol)	化合物	聚集态	标准㶲/(kJ/mol)	标准焓/(kJ/mol)
CH_4	g	830.426	885.962	$CH_3COOC_2H_5$	l	2136.528	2194.263
C_2H_6	g	1494.663	1562.965	$(CH_3)_2O$	g	1416.001	1495.378
C_3H_8	g	2149.000	2229.569	$HCHO$	g	545.175	610.317
C_4H_{10}	g	2800.937	2894.173	CH_3CHO	g	1160.411	1239.221
C_5H_{12}	g	3455.473	3559.277	$(CH_3)_2CO$	l	1786.448	1843.325
C_6H_{14}	l	4105.810	4193.781	CH_3Cl	g	727.943	797.953
C_2H_4	g	1359.874	1425.308	$CHCl_3$	l	523.778	583.936
C_3H_6	g	2000.011	2079.212	CCl_4	l	417.283	453.157
C_4H_8(1-丁烯)	g	2654.247	2745.716	CH_3Br	g	762.873	836.614
C_4H_6(1,3-丁二烯)	g	2498.458	2581.458	CH_3I	g	814.422	890.681
C_2H_2	g	1265.284	1326.050	CF_4	g	367.816	445.144
C_5H_{10}(环戊烷)	l	3265.084	3326.920	C_6H_5Cl	l	3163.570	3226.242
C_6H_{12}(环己烷)	l	3901.121	3962.024	C_6H_5Br	l	3203.100	3276.404
C_6H_6	l	3293.253	3344.951	CH_3NH_2	g	1031.527	1104.010
$CH_3C_6H_5$	l	3928.390	3994.755	CH_3CN	l	1260.686	1295.999
CH_3OH	l	716.264	753.974	$CO(NH_2)_2$	s	451.488	443.556
C_2H_5OH	l	1353.801	1401.878	$C_6H_5NO_2$	l	3201.641	3265.267
C_3H_7OH	l	2003.738	2063.282	$C_6H_5NH_2$	l	3435.954	3493.199
C_4H_9OH	l	2657.574	2724.986	$C_{12}H_{22}O_{11}$(蔗糖)	s	5990.268	6094.232
$C_5H_{11}OH$	g	3319.811	3443.990	C_5H_5N	l	2822.318	2875.695
C_6H_5OH	g	3137.891	3232.064	C_9H_7N	l	4794.097	4839.838
$HCOOH$	l	288.212	326.730	C_2H_4O(环氧乙烷)	g	1280.311	1352.721
CH_3COOH	l	905.149	953.434				

表 A.5　部分复杂组成燃料的标准㶲、标准焓和标准物质品位

燃料	$\Delta_c H_H$/（MJ/kg）	$H^\ominus$/（MJ/kg）	$\varepsilon^\ominus$/（MJ/kg）	$\alpha^\ominus$
褐煤（低阶煤）				
褐煤（中国内蒙古）	16.14	17.63	17.17	0.974
褐煤（中国小龙潭）	13.04	14.56	14.14	0.971
褐煤（巴西）	12.27	13.79	13.38	0.970
褐煤（土耳其索玛）	13.40	14.92	14.49	0.971
低碳混合醇				
$C_1OH：C_2OH：C_3OH：C_4OH=$ 65.6：25.1：7.1：2.2	25.55	27.28	26.53	0.972
$C_1OH：C_2OH：C_3OH：C_4OH=$ 56.4：30：10.5：3.1	26.40	28.12	27.37	0.973
生物乙醇				
乙醇	29.67	31.34	30.58	0.976
油页岩				
油页岩（中国抚顺）	5.70	7.25	6.96	0.960
油页岩（中国茂名）	5.11	6.66	6.38	0.958
油页岩（爱沙尼亚格罗特）	8.70	10.24	9.89	0.966
生物柴油				
玉米油基柴油	39.93	41.09	40.31	0.981
食用油基柴油	40.11	41.25	40.48	0.981
大豆油基柴油	39.77	40.94	40.16	0.981
蓖麻油基柴油	37.27	38.61	37.84	0.980
酱油基柴油	40.12	41.26	40.49	0.981
纤维素燃料				
木屑	19.92	21.37	20.86	0.976
棉花秸秆	16.90	18.38	17.91	0.974
秸秆颗粒	16.58	18.07	17.60	0.974
苹果树叶	17.51	18.99	18.51	0.975
稻草	15.09	16.59	16.14	0.973
甘蔗渣	17.70	19.17	18.69	0.975
玉米芯	18.80	20.26	19.77	0.976
白杨木	19.38	20.83	20.34	0.976
麦秸	17.36	18.84	18.36	0.975
沼气				
生物沼气（65% CH_4, 0.02% H_2）	35	35.90	34.43	0.959
生物压缩天然气（93% CH_4, 0.06% H_2）	52	52.44	50.46	0.962
城市垃圾				
城市垃圾（英国）	12.00	13.53	13.12	0.970

燃料	$\Delta_c H_H/$（MJ/kg）	$H^\ominus/$（MJ/kg）	$\varepsilon^\ominus/$（MJ/kg）	$\alpha^\ominus$
城市垃圾（中国北京）	5.32	6.87	6.58	0.958
城市垃圾（中国深圳）	8.15	9.69	9.35	0.965
塑料 PP	45.20	46.05	45.57	0.990
塑料 PE	49.30	50.00	49.57	0.991
空白打印纸	13.51	15.02	14.60	0.971
包装纸	17.25	18.73	18.25	0.975
报纸	17.16	18.64	18.16	0.974
合成橡胶	37.82	38.90	38.36	0.986
纸板	13.81	15.32	14.89	0.972
棉布	17.43	18.91	18.43	0.975
涤纶	20.86	22.29	21.78	0.977
厨余垃圾（马来西亚）	17.45	18.93	18.45	0.975

注：表中 $\Delta_c H_H$ 为燃料的高热值。

附录B 焆分析的计算机软件

B.1 数据检索与计算软件 Exergy Calculator

B.1.1 Exergy Calculator 的内容与功用

焆数据计算器 Exergy Calculator 是清华大学能源与动力工程系开发的焆数据检索与计算软件。自2015年以来，经过多次修改和完善，形成当前的版本 Version EC-210120。作为 GB/T 14909—2005 修订工作的一部分，Exergy Calculator 的编制、研发和推出的目的在于改变焆分析法难于普及的现状，为焆值的计算提供便捷的工具。读者可以访问清华大学能源与动力工程系的下载地址（https://cloud.tsinghua.edu.cn/d/ca84078701854a7ab855/）获取此软件。

Exergy Calculator 软件的著作权归清华大学所有，上述下载内容仅供读者学习和研究使用，任何人或单位未经许可不得将其用于商业用途和其他侵权运作。

(1) Exergy Calculator 的功能

Exergy Calculator 具有如下功能：

① 化合物的标准焆、标准焓和标准物质品位计算　以输入 CAS 号来查询的方式，或输入分子式及物性数据来计算的方式，获取化合物的标准焆、标准焓和标准物质品位；

② 物流的焆值、焓值和物质品位计算　以简易算法计算物流的焆值、焓值和物流的物质品位；

③ **维护功能** 用户可以扩充、编辑数据库。

（2）Exergy Calculator 的性能

① 本软件的计算精确度取决于输入数据的精确度、数据库内物性参数的精确度和状态方程与物流性质的匹配程度。根据测算，平均相对误差为 0.01% ～ 0.06%，最大相对误差为 0.10% ～ 0.34%。

② 响应时间在 100 ms 以内，处理时间随数据量有所不同，单物流处理时间在 2000 ms 以内，数据传输时间在 100 ms 以内。

B.1.2　Exergy Calculator 的运行环境和初始化

（1）运行环境

硬件　本软件在 PC 上运行，要求奔腾 Ⅱ 以上 CPU，512 MB 以上内存，10 GB 以上硬盘。

支持软件　主要是如下一些关于 Windows 系统和 Microsoft 的软件环境要求：

① Windows XP 及以上版本的 Windows 系统。

② Microsoft.NET Framework 4.0 或以上版本。Microsoft.NET Framework 4.0 是由 Microsoft 开发的一种编程模型。一般情况下，正常升级系统补丁的计算机即已默认安装，不需要用户额外安装。对于还没有安装 Microsoft .NET Framework 4.0 的计算机，本软件的安装包内也附带了 Microsoft .NET Framework 4.0 的安装程序，用户可以自行安装。

③ Microsoft Office 2007 及以上版本的 Office 软件。

④ 需要至少安装有 Office 程序中的 Microsoft Office Access、Microsoft Office Excel 这两个软件。一般情况下，在安装 Microsoft Office 时，选择了安装 Microsoft Office 程序的全部软件，则已经包含有这两个软件。对于还没有安装 Microsoft Office Access 的计算机，本软件的安装包内也附带了 Microsoft Office Access 的引擎程序，用户安装后即可使用本软件。

（2）安装包和软件安装

本软件提供了安装程序的可执行文件 Setup Exergy Calculator EC-210120.exe，用户可双击启动运行该安装包，进行本软件的初始化。

安装包启动后，请阅读相关协议，选择是否接受。若选择接受，则可进一步选择程序在计算机中的安装位置。若计算机已经安装过本软件，则可选择重新安装或选择修复。

安装结束后桌面上会生成 Exergy Calculator.exe 的快捷方式，对于 32 位运行环境，可以直接双击该快捷方式进行启动。如果是 64 位运行环境，则需要从程序的文件夹里找到 Exergy Calculator_64.exe，双击打开后，Exergy Calculator 的开始界面如图 B.1-1 所示。

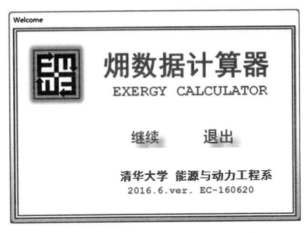

图 B.1-1　Exergy Calculator 的开始界面与 logo

B.1.3　功能 1：化合物标准㶲计算

（1）输入与输出内容

表 B.1-1 显示的条件输入与处理结果输出内容是本软件的第一个功能：化合物的标准㶲计算功能。

表 B.1-1　化合物标准㶲值计算功能的输入与输出内容

项目	输入与输出内容
以 CAS 号形式输入	化合物的 CAS 号（与化合物一一对应），以从 Excel 数据表格复制、粘贴的方式输入
以分子式形式输入	化合物的分子式以及化合物的标准生成焓 $\Delta_f H^{\ominus}$ 和标准生成 Gibbs 自由能 $\Delta_f G^{\ominus}$ 的数值，以数值填写的方式输入
输出	化合物的标准㶲、标准焓和化合物物质品位的数值，将显示在软件界面，并可以 Excel 数据表的形式输出

本软件输入与输出的主要方式为 Excel 数据表格。用户在选择使用化合物标准㶲值计算功能时，可以选择基于 CAS 号（Chemical Abstracts Service 为每一种出现在文献中的物质分配的登录号）的输入方式，也可以选择基于分子式的输入方式。

以 CAS 号形式输入方式适合涉及非常见物质、修改数据库不便时选择。选择分子式形式输入方式时，不仅要输入化合物的分子式，还要输入其标准生成焓 $\Delta_f H^{\ominus}$ 和标准生成 Gibbs 自由能 $\Delta_f G^{\ominus}$ 的数值，此时宜选择 298.15 K 和 100 kPa 时的数据。

（2）输入格式与计算操作

在软件上方选中"化合物标准㶲计算"功能选项按钮，点击"新建"（文件）按钮，软件中央弹出操作表格页面。

以 CAS 号形式输入和检索　点击左上角的"根据 CAS. 查询"按钮。若化合物的 CAS 号未知，可在数据库中根据分子式搜索到相应的 CAS 号，或自行通过网络等方式查询。

然后，在表格页面中"CAS 号"下方的 A 列，输入化合物的 CAS 号。图 B.1-2 是 CAS 号形式的数据输入操作页面示例。输入完成后，点击"数据验证"。如果输入正确，右下角将显示"验证完成，无格式错误"。如果有问题，则须按提示修改至完善。

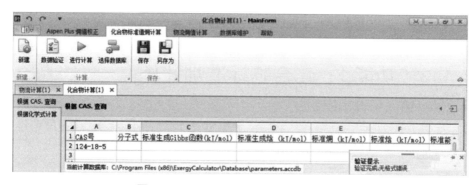

图 B.1-2　CAS 号形式的数据输入页面

接下来，点击上方的"选择数据库"按钮，选择合适的（原有的或者是用户扩充的、自建的）数据库。

按体系在某个设定的程序安装位置搜索。例如依照层次 Program Files(×86) → Exergy Calculator → Database，最后找到文件"parameters"（如图 B.1-3 所示）。当无法满足要求时，可以按照后面的介绍，进行数据库维护或建立新的数据库。

最后，点击表格上方的"进行计算"，表格右侧将显示出对应该化合物的标准㶲、标准焓、标准能质因子（即物质品位）三个数值。图 B.1-4 是 CAS 号形式计算结果的输出页面示例。

图 B.1-3 选择数据库的操作页面

图 B.1-4 CAS 号形式的输出结果页面

以分子式形式输入和计算 点击左上角的"根据化学式计算"按钮。然后，在表格页面中的 A、B、C 列，即"分子式"、"标准生成 Gibbs 函数 (kJ/mol)"、"标准生成焓 (kJ/mol)"的下方，输入对应文字和数据。图 B.1-5 是分子式形式的数据输入操作页面示例。输入完成后，点击"数据验证"，核实输入正确与否。

图 B.1-5 分子式形式的数据输入页面

接下来，点击"选择数据库"按钮，选择合适的数据库；最后，点击表格上方的"进行计算"，表格右侧将显示出对应该化合物的标准㶲、标准焓、标准物质品位三个数值。图 B.1-6 是分子式形式计算结果的输出页面示例。

图 B.1-6　分子式形式的输出结果页面

B.1.4　功能 2：物流的㶲值计算功能

（1）输入与输出内容

表 B.1-2 显示的条件输入与处理结果输出内容是本软件的第二功能：物流㶲值计算功能。

表 B.1-2　物流㶲值计算功能的输入与输出内容

项目	输入与输出内容
输入	物流的温度、压力、组分及含量、气相分率，在 Excel 数据表格中整理好，以表格的形式拷贝至软件界面中
输出	物流的焓值、㶲值和物流的物质品位数值，直接在软件的界面中显示，并可以 Excel 数据表格文件的方式输出

物流㶲值计算功能只能处理均相流体，即 Vapor Fraction=0、1（气相分率等于零或等于 1）的物流。对于非均相流体，请用户自行根据相平衡进行计算，将物流拆分为气、液两股均相流体，然后分别输入本软件进行计算，最后将计算结果以该物流的干度为权重，进行加和即可获得其数据。

软件会对用户输入的组分与化合物数据库中的物质进行搜索匹配。由于存在同分异构体等情况，本软件会智能判别并提醒用户选择正确的物质（以 CAS 号为判据）。

（2）输入格式

本软件输入与输出的主要方式为 Excel 数据表格。按照表 B.1-3 格式要求，整理所有输入条件。注意表 B.1-3 各项的顺序以及物理量的单位。左侧列的英文依次为物流号、温度、压力、气相分数、各个组分的摩尔分数。注意温度的单位为"℃"。

表 B.1-3　物流㶲值计算功能输入格式（Excel 表）

Stream No.	1	2	3	4
Temperature/℃	25	100	100	85
Pressure/MPa	0.1	0.1	0.1	2.5
Vapor Frac	0	0	1	1
Mole Frac				
H_2O	1	1	1	0.3
CO	0	0	0	0.5
H_2	0	0	0	0.2

在软件上方选中"物流㶲值计算"功能选项按钮，点击"新建"（文件）按钮后，页面中央将弹出操作表格页面。将整理好的输入数据表拷贝至 Exergy Calculator 的表格中。图 B.1-7 为拷贝完成状态（输入页面）。

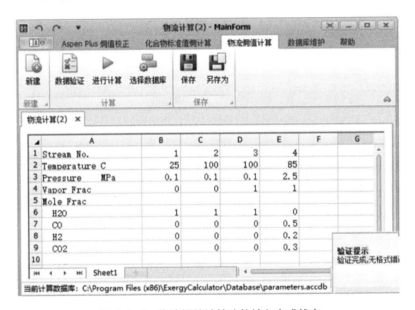

图 B.1-7　物流㶲值计算功能输入完成状态

随后，点击"数据验证"。如果输入正确，右下角显示"验证完成，无格式错误"。如果有问题，则须按提示修改至完善。

（3）物流㶲值计算的操作

接下来，点击上方的"选择数据库"按钮，选择合适的（原有的或者是用户扩充的、自建的）数据库。例如图 B.1-3 所示的寻找文件"parameters"方法。

随后，点击"进行计算"按钮。如出现格式问题，按照提示修改、整理。例如，C_3H_6 可能代表丙烯，也有可能代表环丙烷。故当有可能出现冲突时，软件会智能提醒用户根据化合物的 CAS 号选择。图 B.1-8 为化合物确认选择的操作页面。

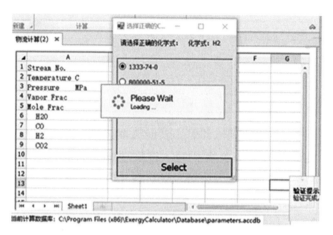

图 B.1-8　化合物确认选择的操作页面

满足要求后再次点击"进行计算"按钮。图 B.1-9 为物流㶲值计算功能完成后的输出页面。

	A	B	C	D	E	F	G
1	Stream No.	1	2	3	4		
2	Temperature C	25	100	100	85		
3	Pressure MPa	0.1	0.1	0.1	2.5		
4	Vapor Frac	0	0	1	1		
5	Mole Frac						
6	H2O	1	1	1	0		
7	CO	0	0	0	0.5		
8	H2	0	0	0	0.2		
9	CO2	0	0	0	0.3		
10							
11	Calculate Result						
12	Exergy (kJ/s)	0	0.1701	2.53927	54.5241		
13	Enthalpy (kJ/s)	5.78917	7.36219	18.9182	69.1416		
14	Energy Quality Facto	0	0.02311	0.13422	0.78859		

当前计算数据库: C:\Program Files (x86)\ExergyCalculator\Database\parameters.a

图 B.1-9　物流㶲值计算功能输出页面

B.1.5 功能：数据库维护

（1）数据库操作介绍

初次使用时，默认选择自带的 parameters 数据库进行计算。它拥有 118 种化合物（其中的有机物主要是 7 个碳以下的化合物）和单质、85 种元素的数据，包括这些物质的 CAS 号、化学分子式、临界温度、正常沸点、临界压力、偏心因子、气态摩尔比热容计算公式的参数（5 个）、液态摩尔比热容计算公式的参数（5 个）、标准焓、标准㶲、标准生成焓和标准生成 Gibbs 自由能。

用户可自行向元素数据库或化合物数据库中添加自己需要的数据，并可将自己编辑后的数据库进行保存。在以后的运算中，用户可以选择自己的数据库进行运算。如图 B.1-10 所示。

图 B.1-10　数据库维护操作截图

① 打开"数据库维护"选项卡，点击"打开数据库"按钮；

② 在"表"下拉框内，可以选择化合物数据表或者元素数据表；

③ 根据需要，可以分别点击"添加记录"或"删除选中行"按钮进行操作；

④ 最后，根据需要选择"保存更改"或"另存为"保存为自己的数据库。

（2）数据库的内容

化合物数据库的内容如表 B.1-4 所示。

表 B.1-4　数据库内容表

功能	数据库内容
物流的㶲值计算	比热容常数、化合物的临界温度、临界压力、偏心因子、化合物的标准㶲
化合物的标准㶲计算（输入分子式）	元素的标准㶲、标准焓
化合物的标准㶲计算（输入 CAS 号）	化合物的 CAS 号、标准生成焓、标准生成 Gibbs 自由能；元素的标准㶲、标准焓

默认数据库中的数值单位如表 B.1-5 所示。需要特别注意，自行建立的数据库需转换至与表 B.1-5 相同的单位，且物理量不能增加，例如，在与默认数据库的函数形式一致的情况下，气体摩尔比热容或液体摩尔比热容的常数至多为 5 个。

表 B.1-5　默认数据库中的数值单位

物理量	符号	单位
标准焓	$H^{\ominus}$	kJ/mol
临界压强	P_c	MPa
正常沸点	T_b	K
临界温度	T_c	K
标准㶲	$\varepsilon^{\ominus}$	kJ/mol
标准生成焓	$\Delta_f H^{\ominus}$	kJ/mol
标准生成 Gibbs 自由能	$\Delta_f G^{\ominus}$	kJ/mol

其中，计算气体和液体的摩尔比热容各需要 5 个（共计 10 个）常数在录入数据库时均乘上一个各自的系数，系数数值如表 B.1-6 所示。

表 B.1-6　摩尔比热容常数及其在数据库中的存储形式

摩尔比热容常数	摩尔比热容常数在数据库中的存储形式	摩尔比热容常数	摩尔比热容常数在数据库中的存储形式
A（气体）	$A_g=A$（气体）	A（液体）	$A_l=A$（液体）
B（气体）	$B_g=100B$（气体）	B（液体）	$B_l=10B$（液体）
C（气体）	$C_g=10^5C$（气体）	C（液体）	$C_l=10^3C$（液体）
D（气体）	$D_g=10^9D$（气体）	D（液体）	$D_l=10^5D$（液体）
E（气体）	$E_g=10^{11}E$（气体）	E（液体）	$E_l=10^7E$（液体）

（3）数据库的数据来源

本软件默认的化合物数据库为 Parameters.accdb。主要数据源于 *The Properties of Gases and Liquids*（Poling B E, 2000.）。

液体的摩尔比热容常数及部分化合物的标准生成焓和标准生成 Gibbs 自由能来源于 *Data Compilation Tables of Properties of Pure Compounds*（Daubert T E，1985.）。

需要说明，这两本手册的数据均为 298.15 K、0.101325 MPa 下的数据。如需更准确的数值结果，建议考虑自行检索 298.15 K、0.1 MPa 下的数据，并建立相应的数据库。

（4）其他数据手册

自带数据库中只包含常见的化合物，如用户涉及特殊的物质，可以通过其它数据手册进行查询。例如以下数据手册：

① *CRC Handbook of Chemistry and Physics,* 96th ed (Haynes W M, 2015).

② *Lange's Handbook of Chemistry,* 17 th ed（Speight J G, 2016）.

③ *Thermochemical Data of Elements and Compounds*, 2nd ed (Binnewies M, 2002).

④ *The NBS Tables of Chemical Thermodynamic Properties : Selected Values for Inorganic and C_1 and C_2 Organic Substances in SI Units* (Wagman D D,1982).

（5）其他数据软件

一些数据查询软件和一些软件中的数据库也有非常丰富的数据。例如，用户可以从以下软件中查取数据：

① Refprop：*NIST Standard Reference Database 23. NIST Thermodynamic and Transport Properties of Refrigerants and Refrigerant Mixtures Refprop* , Ver 9.1, 2010.

② Aspen Plus：*Advanced System for Process Engineering* , Ver 8.0, 2013.

③ Component Plus：*Pure Component Database Manager*，3.6.0.0，1999—2001，ProSim SA.

用户也可以从类似计算机专用软件相关的其他技术资料（详见参考文献）中查取所需数据。

B.2　数据检索与计算软件 Refprop

B.2.1　Refprop 的内容与功用

Refprop 由美国国家标准与技术研究所 NIST（National Institute of Standards and Technology）开发，用于检索与计算参考流体（工业流体及其混合物）的热力学性质和输运性质（*NIST Standard Reference Data*，https://www.nist.gov/srd/refprop）。Refprop 是参考流体物性（NIST Reference Fluid Thermodynamic and Transport Properties Database）的缩写。Refprop 是一款国际权威工质物性计算软件，被很多研究项目用作物性数据源，或作为计算结果准确性的参考数据源。

Refprop 的当前版本为 Version 10.1，其中的大部分功能都已得到增强，包括图形界面、Excel 电子表格、Fortran 物性子程序等，以及新增加参考流体。

Refprop 包含的主要物质为制冷剂以及相关物质，也包括部分有机物和常见物质。所以，Refprop 中的"Ref"又被认为 refrigerant（制冷剂）。

Refprop 基于目前最精确的纯流体和混合物模型，实现了纯流体热力学性质的三种模型：Helmholtz 能量显式状态方程、修正的 Benedict-Webb-Rubin 状态方程和扩展的对应状态（ECS）模型。混合计算采用的模型将混合规则应用于混合组分的 Helmholtz 能量，并使用偏差函数来修饰偏离理想混合的情况。

通过使用动态链接库（DLL），其他应用程序（如电子表格）也可以访问物性模型。

Refprop 为 Windows 操作系统设计了独立图形用户界面，便于用户使用。用户可以对给定的混合物或某些特别的混合物（例如，空气、商品制冷剂混合物以及几种参考天然气）生成表格和图表。

Refprop 的帮助系统提供有关如何使用程序的信息，包括可以随时调用显示流体常数和物性模型文档的信息；另外，还有许多自定义输出的选项，以及与其他应用程序之间复制和粘贴的功能。

Refprop 的输入 Refprop 采用"菜单"操作方式，进行灵活多样的检索与计算条件设定，包括选择拟检索或计算的对象物质或混合物体系、选择物性种类及其单位、设定热力学性质的数值参考态等等。

利用 Refprop 可以计算给定 (T,x) 状态下的热力学和输运性质。迭代计算给定 (T,x) 或 (P,x) 状态下的饱和态物性，以及计算描述了给定各种输入组合 (P,h,x)、(P,T,x) 等的单相或两相状态下的物性。

Refprop 的输出 Refprop 可以用 Excel 表格或多种热力学性质图形输出检索与计算的结果。数据结果可以通过图形用户界面显示在表格和绘图中。另外，用户也可以通过电子表格或编写的应用程序访问 Refprop DLL 或 FORTRAN 子例程来检索这些物性，如图 B.2-1。

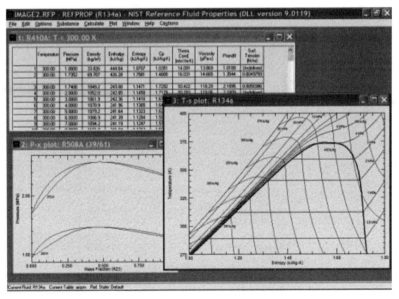

图 B.2-1　Refprop 的输出表格和图形示例

B.2.2　Refprop 的运行环境和初始化

（1）运行环境系统要求

Refprop 设计用于运行 Microsoft®Windows®98、2000、XP、Vista、7、8 或类似操作系统的任何个人计算机，包括 32 位和 64 位操作系统。该程序需要 20 MB 的硬盘空间。

（2）安装

用户须遵循安装说明的指导顺序操作，默认情况下，Refprop 安装在 C:\Program Files\Refprop 目录中，但用户可以在安装时更改此设置。提醒用户不要更改已安装的各种文件和子目录的名称。

B.2.3　Refprop 的使用方法

（1）软件启动

双击 Refprop 程序的图标启动它，图 B.2-2 是 Refprop 的开始界面。横幅屏幕显示标题、信用和法律免责声明。单击"Information"（信息）按钮可通过帮助系统调出更多详细信息。点击"Continue"（继续）按钮启动程序。该程序是通过使用显示在应用程序窗口顶部的下拉菜单，以 Windows 应用程序的通常方式进行控制的。

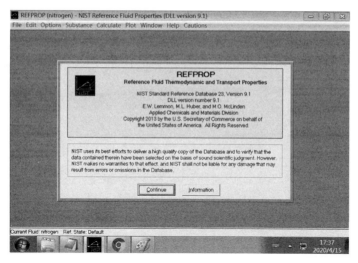

图 B.2-2　Refprop 的开始界面与 logo

（2）菜单操作

Refprop 的菜单和对话框通常使用鼠标导航。键盘快捷键几乎可用于所有操作。这些命令由"Alt"键和单个命令的下划线字母组合激活。Tab 键在对话框中的项之间移动。

①"File"（**文件**）**菜单**提供用于保存和打印生成的表和绘图的命令，可以保存或调用具有多个窗口的单个项目或整个会话。标准打印、打印设置和退出命令也会出现。

②"Edit"（**编辑**）**菜单**提供复制和粘贴命令，允许与其他应用程序交换选定的数据或绘图。

③"Options"（**选项**）**菜单**提供用于选择单位系统、感兴趣的物性、参考状态和用户首选项的命令。这些选项可以存储以供调用。程序启动时加载用户定义的首选项集。更改"Options"（**选项**）**菜单**或"Units"（**单位**）**菜单**中的单位仅适用于新表格和绘图，而不会更改已创建表格上的单位。

④ 纯流体或感兴趣的混合物由"Substance"（**物质**）**菜单**中的命令指定。Refprop 中，当前市售的大多数商品制冷剂混合物（具有 ASHRAE R400 或 R500系列名称）是预先设定的。标准空气和五种天然气工业关注的混合物也被预先定义。此外，用户还可以指定、保存包含多达 20 种成分的新混合物。

⑤"Calculate"（**计算**）**菜单**启动生成物性表的计算。选定要显示的每个物性都显示在表的单独列中。Refprop 提供两种类型的表，一种提供饱和状态下的物性，另一种是恒定温度或恒定压力在指定范围内变化时的物性（例如，密度或

焓）。后者允许用户选择自变量。

⑥ "Plot"（绘图）菜单提供表中显示的物性的 x-y 绘图。此外，在包括温度 - 熵和压力 - 焓在内的广泛坐标系下，可以很容易地生成简单的热力学性质图，包括生成二元混合物的温度组成图和压力组成图。

⑦ Refprop 提供了用于修改打印大小、轴比例、打印符号、线型、图例和其他打印要素的命令。每个表或打印都显示在单独的窗口中，可以使用"窗口"（Window）菜单中的命令访问、调整大小或重新命名。窗口的数量仅受可用内存的限制。

⑧ 可以通过 "Help"（帮助）菜单访问完整的帮助系统。

⑨ 在 Refprop 屏幕底部的状态行，显示着当前指定的流体或混合物、成分和参考状态。单击状态行，或 "the Substance/Fluid Information"（物质 / 流体信息）命令，可调出混合物和每个组分的信息屏幕，从而为用户提供流体常数、模型来源、状态方程不确定性及其适用范围文档。

（3）注意事项

① 由天然气流体组成的混合物的方程式参数来自 2008 年的 GERG 模型。Refprop 中的默认纯流体状态方程与 GERG 模型中的状态方程不同，它们更复杂，不确定性更低。

② 用于纯流体的 GERG 方程更短、更简单、更快，但精度稍低。如果用户需要使用 GERG 模型，请在 "Options"（选项）菜单或 "Preferences"（首选项）菜单下选择相应的选项。首选项屏幕还可以选择使用 AGA8 模型进行天然气计算。

③ Refprop 程序旨在为纯流体及其混合物提供最精确的热物性。本版本仅限于气液平衡（VLE），不涉及液液平衡（LLE）、气液液液平衡（VLLE）或其他复杂形式的相平衡。程序不知道混合物冻结线的位置。某些混合物可能会进入这些区域，而不会向用户发出警告。

④ 一些混合物的组分具有较宽范围的挥发性（即沸点的巨大差异），例如临界温度比大于 2 的情况。某些计算，特别是饱和计算，可能会因运行失败而不产生警告。绘制计算结果可能会出现这种情况，此时有必要确认密度的不连续性。某些混合物，包括许多含有氢、氦或水的混合物，可能没有从一个纯组分到另一个纯组分的连续临界线。物质 / 流体信息（substance/fluid information）屏幕将不会显示为这些类型的混合物指定的估计关键参数。

⑤ 在某些情况下，输入状态点可能导致两个独立的有效状态。最常见的是温度 - 焓输入。查看 T-H 图将有助于显示给定输入的两个有效状态点。例如，氮在 140 K 和 1000 J/mol 下分别存在于 6.85 MPa 和 60.87 MPa。出现这种情况时，Refprop 返回具有更高密度的状态。有关计算上下根的信息，请参见指定的状态

点（Specified State Points）部分。

B.3 流程模拟软件 Aspen Plus

B.3.1 Aspen Plus 的内容与功用

Aspen Plus（Advanced System for Process Engineering）是美国 Aspen Tech 公司开发的大型通用流程模拟软件系统，当前版本为 Aspen Tech Aspen ONE V12。

20 世纪 70 年代后期，基于美国能源部的项目"过程工程的先进系统"（Advanced System for Process Engineering，简称 ASPEN），麻省理工学院启动了所谓第三代新型流程模拟软件的研究与开发工作。自该项目于 1981 年底完成以来，经过 40 多年的改进和完善，该软件曾先后推出十几个版本，逐渐形成了目前的通用形式，在石油化工等流程工业行业、相关高等院校和科研院所拥有大量用户。

Aspen Plus 包括数据、物性、单元操作模型、内置缺省值、报告及为满足其它特殊工业应用所开发的功能等。Aspen Plus 仅仅是 Aspen Tech 工程套装软件中的一个；但它是一套完整产品，对整个工厂、企业工艺流程的工程实践和优化具有非常重要的促进作用。Aspen Plus 自动地把流程模型与工程知识数据库、投资分析、产品优化和其它许多商业流程相结合。Aspen Plus 被广泛用于过程工业企业工厂和工艺流程的设计，企业高效运营管理方案的建立和提出，操作性能的集成化改进等方面，以追求生产装置的设计、模拟、故障诊断和高效益管理的全生命周期技术保障。

（1）完备的物性系统

物性模型和数据是得到精确可靠模拟结果的关键，Aspen Plus 具有最适用于工业且最完备的物性系统。Aspen Plus 使用广泛的、经验证的物性模型，数据以及 Aspen Properties 中可用的估算方法，涵盖了非常广泛的范围——从简单的理想物性流程到非常复杂的非理想混合物和电解质流程。内置数据库包含 8500 种组分物性数据，包括有机物、无机物、水合物和盐类；还有 4000 种二元混合物的 37000 组二元交互作用数据，二元交互作用数据来自于 Dortmund 数据库（多特蒙德热力学与热物理数据的事实数据库 Dortmund Data Bank，缩写 DDB），并获得 DECHEMA（德国德西玛，Gesellschaft für Chemische Technik und Biotechnologie. e. V，即德国化学工程与生物技术协会）授权。

（2）单元操作与流程模拟

Aspen Plus 拥有各种单元操作，包括气/液、气/液/液、固体系统和用户自定义模型，并将工艺模型与真实的装置数据相结合，确保装置模型的精确性和有效性。Aspen Plus 的数值优化功能可以确定装置操作条件从而最大化任何指定的目标，如收率、能耗、物流纯度和工艺经济条件。

换热设备 管壳式换热器、多股物流热交换器、空冷器、板式换热器、板翅式换热器、盘管式换热器、加热炉等。

分离设备 两相、三相和四相闪蒸模块、液液单级倾析器、简捷精馏、严格多级精馏、石油炼制分馏塔、板式塔、散堆和规整填料塔、文丘里涤气器、静电除尘器、纤维过滤器、筛选器、旋风分离器、水力旋风分离器、离心过滤器、转鼓过滤器、固体洗涤器、逆流倾析器、连续结晶器等。

化学反应设备 收率反应器、化学计量系数和平衡反应器、连续搅拌反应釜、柱塞流反应器、间歇及排放间歇反应器等。

流体输送设备 混合、物流分流、子物流分流和组分分割、单级和多级压缩与膨胀透平、压力释放等。

（3）界面与数据环境

Windows 图形界面和交互式客户－服务器模拟结构 其包括工艺流程图视图，输入数据浏览视图，独特的"NEXT"专家向导系统，引导用户进行完整的、一致的流程定义。图 B.3-1 和图 B.3-2 为 Aspen Plus 的工艺流程图界面图像和 Aspen Plus 的物性（气液相平衡）分析界面图像。Aspen Plus 的图形向导工作方式帮助用户很容易地把模拟结果输出成各种图形显示。例如，图 B.3-3 为 Aspen Plus 的流程参数数值分析界面图像。

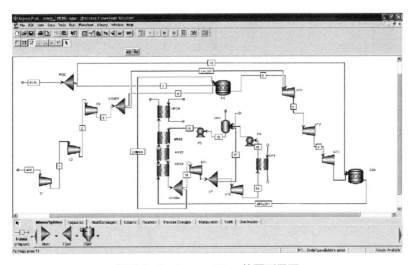

图 B.3-1　Aspen Plus 的图形界面

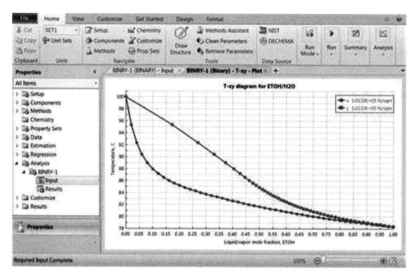

图 B.3-2　Aspen Plus 的物性（气液相平衡）分析图像

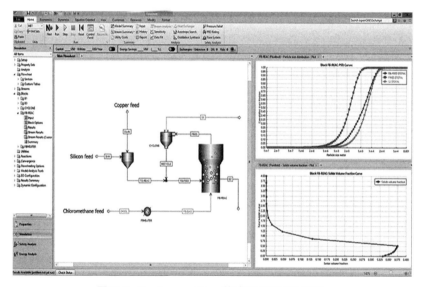

图 B.3-3　Aspen Plus 的流程参数分析图像

　　开放的环境　其可以很容易地和 Aspen Tech 公司内部产品或者第三方软件相整合，如 Excel 数据表格，FORTRAN 或者 Aspen Custom Modeler（用于创建模型）。Aspen Plus 支持多个工业标准，如 CAPE-OPEN 和 IK-CAPE。Aspen Tech 公司同时也是 CAPE-OPEN 实验室网络的会员。Active X (OLE Automation) 控件可以与微软 Excel 数据表格 和 Visual Basic 方便地连接，支持 OLE（对象链接与嵌入）功能，比如复制、粘贴或链接。多种接口选项提供 Split 接口、OnLine、PEP Process Library 等多种接口选项，可以接入模型、工厂数据、特殊化工行业的预建模型等。Calculator Models 计算模式包含 ad-hoc 计算与内嵌的 FORTRAN 和 Excel 数据表格模型接口。

（4）参数管理与数值方法

Aspen Plus 的 EO 模型具有先进的参数管理，可以进行整个模拟的灵敏度分析或者针对特定部分的分析。序贯模块法和面向方程的解法允许用户模拟多重嵌套流程。案例研究可以用不同的输入进行多个模拟的比较分析。Aspen Plus 具有自动分析和建议优化的撕裂物流、流程收敛方法和计算顺序，即使是巨大的具有多个物流和信息循环的流程，收敛分析也非常方便。Design Specification 设计规定模式可以自动计算满足指定的性能目标所需要的操作条件或设备参数。Aspen Plus 可以非常方便地用表格和图形展示工艺参数随设备规定和操作条件的变化趋势。对于 ACM Model Export 选项，用户可以在 Aspen Custom Modeler（ACM）中创建模拟模型并进行编译。编译好的模型可以应用在 Aspen Plus 静态模拟中，支持序贯模块模式和面向方程模式。

B.3.2 Aspen Plus 使用方法的学习材料

Aspen Plus 的使用涉及非常细致的内容，可以通过多种方式进一步了解，例如，Aspen Plus 使用说明、Aspen Plus 自带的案例和数据程序等；也可以查阅一些专门的参考书，例如，《化工流程模拟 Aspen Plus 实例教程》（熊杰明，2015）、《无师自通 Aspen Plus 基础（英文改编版）》（Schefflan R, 2015）、《化工过程模拟实训——Aspen Plus 教程》（孙兰义，2017）、《化工计算与 Aspen Plus 应用》（赵宗昌，2020）。

附录C 㶲值计算与㶲分析示例

虽然没有分别列项，但是可以看出以下 12 个示例分属四种类型。第一种类型是物质㶲值与能量品位的计算方法，即 C.1 ～ C.4，分别为物质㶲值与焓值的计算、负环境压力下㶲值与焓值的计算、城市可燃垃圾的物质品位评估和封闭体系的㶲变计算，其中也包括过程品位的计算。

第二种类型是㶲分析模型与分析方法的一个补充说明，即 C.5 管路流体输送过程的㶲分析，因为 GB/T 14909 2021 中没有提及势能与动能㶲。

第三种类型是系统㶲分析案例，即 C.6 ～ C.8，分别为锅炉的㶲分析、家用空调蒸发器的㶲分析、建筑暖通空调系统㶲分析。加上 GB/T 14909—2021 附录 B 的 2 个案例，这 5 个案例都是按 GB/T 14909—2021 给出的㶲分析步骤，一步一步演示的。

第四种类型是㶲分析的方法拓展，即 C.9 ～ C.12，分别为能量集成与㶲分析（芳烃分离系统）、㶲经济分析（水泥窑余热发电系统）、㶲环境分析（污泥消化装置）和㶲生态分析（燃气锅炉与太阳能锅炉的比较）。其实，C.9 前半部分也是按 GB/T 14909—2021 规定㶲分析步骤做的，但是后面进一步展开，做了系统能量集成。另外三个案例，C.10 ～ C.12 则是在介绍㶲经济分析、㶲环境分析和㶲生态分析方法论的基础上，结合具体案例分别进行了三种㶲分析拓展方法的应用说明。

C.1 物质㶲值与焓值的计算

C.1.1 纯物质㶲值与焓值的计算

> **问题 1**：试计算辛烷（C_8H_{18}）在 75 ℃、200 kPa 下的㶲值、焓值和物质品位？已知辛烷的标准生成 Gibbs 自由能和标准生成焓分别为 16.27 kJ/mol 和 −208.75 kJ/mol。

解：本例采用 GB/T 14909—2021 规定的环境参考态温度和压力，即 T_0=298.15 K 和 $p^\ominus$=100 kPa，及其规定的环境基准物体系，求解 T=75 ℃（348.15 K）和 p=200 kPa 下纯物质辛烷的㶲值、焓值和物质品位。

根据 GB/T 14909—2021 中纯物质㶲和焓的计算公式（A.17）和公式（A.19），针对本问题有：

$$E_{C_8H_{18}}^\ominus \left(348.15\ \text{K},\ 100\ \text{kPa}\right) = E_{C_8H_{18}}^\ominus + \Delta E_{C_8H_{18}}\left(T_0, p^\ominus \to 348.15\ \text{K},\ 100\ \text{kPa}\right)$$

$$\text{（C.1-1）}$$

$$H_{C_8H_{18}}^\ominus \left(348.15\ \text{K},\ 100\ \text{kPa}\right) = H_{C_8H_{18}}^\ominus + \Delta H_{C_8H_{18}}\left(T_0, p^\ominus \to 348.15\ \text{K},\ 100\ \text{kPa}\right)$$

$$\text{（C.1-2）}$$

第一步：计算辛烷的标准㶲和标准焓

根据化合物标准㶲和标准焓的计算公式（A.9）和公式（A.10），辛烷有：

$$E_{C_8H_{18}}^\ominus = \Delta_f G_{C_8H_{18}}^\ominus + 8 \times E_C^\ominus + 18 \times E_H^\ominus \qquad \text{（C.1-3）}$$

$$H_{C_8H_{18}}^\ominus = \Delta_f H_{C_8H_{18}}^\ominus + 8 \times H_C^\ominus + 18 \times H_H^\ominus \qquad \text{（C.1-4）}$$

从 GB/T 14909—2021 中表 A.1 分别查取 C 元素的标准㶲和标准焓：410.514 kJ/mol 和 412.246 kJ/mol 以及 H 元素的标准㶲和标准焓：117.595 kJ/mol 和 137.079 kJ/mol。分别代入上式，得辛烷的标准㶲和标准焓分别为 5417.092 kJ/mol 和 5556.64 kJ/mol。

第二步：计算公式（C.1-1）和公式（C.1-2）的㶲变和焓变

根据 GB/T 14909—2021 的公式（A.25），针对辛烷有：

$$\Delta E_{C_8H_{18}}\left(T_0, p^\ominus \to 348.15\ \text{K},\ 100\ \text{kPa}\right) = \Delta H_{C_8H_{18}}\left(T_0, p^\ominus \to 348.15\ \text{K},\ 100\ \text{kPa}\right)$$
$$- T_0 \Delta S_{C_8H_{18}}\left(T_0, p^\ominus \to 348.15\ \text{K},\ 100\ \text{kPa}\right)$$

$$\text{（C.1-5）}$$

借助 Refprop 软件（具体方法参见附录 B.2 流体热力学和传递性质数据检索与计算软件 Refprop，并在软件中设定数值计算的参考态为 298.15 K、100 kPa）

查得辛烷在题设环境参考态、状态点的焓和熵值列于表 C.1-1。

表 C.1-1 辛烷在各个状态下的焓值与熵值

项目	T/K	p/kPa	H/（kJ/mol）	S/[kJ/(mol·K)]
环境参考态	298.15	100	−27915	−80.333
题给状态	348.15	200	−14643	−39.278

基于表 C.1-1 中的数据，可以直接计算出公式（C.1-2）辛烷的焓变，为 13.272 kJ/mol；而利用公式（C.1-5），又可计算得到公式（C.1-1）辛烷的㶲变，为 1.0314 kJ/mol。

第三步：计算公式（C.1-1）和公式（C.1-2）的和

将上述两步的结果相加，即可获得辛烷在 348.15 K 和 200 kPa 下的㶲值与焓值，分别为 5418.123 kJ/mol 和 5569.912 kJ/mol。

另外，根据 GB/T 14909—2021 的公式（10），针对题给条件的辛烷有：

$$\alpha_{C_8H_{18}}(T,p) = \frac{E_{C_8H_{18}}(T,p)}{H_{C_8H_{18}}(T,p)} \tag{C.1-6}$$

从而得此时辛烷的物质品位为 0.973。

C.1.2 混合物㶲值与焓值的计算

问题 2：混合物中含甲烷 30%（摩尔分数）和乙烷 70%。试计算该混合物在 50 ℃、500 kPa 时的㶲值、焓值和物质品位。

解：本例采用 GB/T 14909—2021 规定的环境参考态温度和压力，即 T_0=298.15 K 和 $p^\ominus$=100 kPa，及其规定的环境基准物体系，求解甲烷和乙烷混合物的㶲值、焓值和物质品位。

甲烷和乙烷为非极性有机物，且在 50 ℃（323.15 K）、500 kPa 时为气态，可设该体系为理想混合物。

根据理想混合物的摩尔㶲和摩尔焓公式（A.21）和公式（A.23），针对本问题有：

$$E^{id}(T,p,\underline{x}) = 0.3\left[E_{CH_4}(T,p) + RT_0\ln 0.3\right] + 0.7\left[E_{C_2H_6}(T,p) + RT_0\ln 0.7\right] \tag{C.1-7}$$

$$H^{id}(T,p,\underline{x}) = 0.3H_{CH_4}(T,p) + 0.7H_{C_2H_6}(T,p) \tag{C.1-8}$$

采用 C.1 问题 1 的求解方法，可以分别计算出甲烷和乙烷在 50 ℃（323.15 K）、500 kPa 时的㶲值与焓值，分别为甲烷：834.44 kJ/mol 和 886.815 kJ/mol；乙烷：1498.6 kJ/mol 和 1564.1 kJ/mol。

进而可以分别计算出混合物在 50 ℃（323.15 K）、500 kPa 时的㶲值与焓值，分别为 1297.9 kJ/mol 和 1360.9 kJ/mol。

另外，根据 GB/T 14909—2021 的公式（11），针对题给条件的混合物有：

$$\alpha(T,p,\underline{x}) = \frac{E^{id}(T,p,\underline{x})}{H^{id}(T,p,\underline{x})} \tag{C.1-9}$$

从而得此时混合物的物质品位为 0.954。

C.2 负环境压力下㶲值与焓值的计算

C.2.1 无化学反应的负环境压力状态下㶲值与焓值计算

问题 1：试计算甲烷在 0 ℃、50 kPa 和 75 ℃、200 kPa 两个状态下的㶲值和焓值。

解：存在状态低于 100 kPa 的条件，故特别将环境参考态压力设定为 p_0 = 1×10^{-9} kPa，环境参考态温度依然维持 T_0=298.15 K，按 GB/T 14909—2021 中 A.4.1 的规定，计算该问题的㶲值和焓值。

状态 1：T_1=0 ℃（273.15 K），p_1=50 kPa，状态 2：T_2=75 ℃（348.15 K），p_2=200 kPa。

借助 Refprop 软件（在软件中设定数值计算的参考态为 298.15 K、1×10^{-9} kPa）查得甲烷在题设环境参考态、状态 1 和状态 2 的焓和熵值列于表 C.2-1。

表 C.2-1 甲烷在各个状态下的焓值与熵值

项目	T/K	p/kPa	H/（kJ/mol）	S/[kJ/(mol·K)]
题设环境参考态	298.15	1×10^{-9}	14.614	0.37182
状态 1	273.15	50	13.723	0.10988
状态 2	348.15	200	16.427	0.1071

甲烷为纯物质，根据公式（A.24）、公式（A.25）和公式（A.26），分别有：

$$E_{CH_4}(T,p) = \Delta E_{CH_4}(T_0,p_0 \to T,p) \tag{C.2-1}$$

$$\Delta E_{CH_4}(T_0,p_0 \to T,p) = \Delta H_{CH_4}(T_0,p_0 \to T,p) - T_0 \Delta S_{CH_4}(T_0,p_0 \to T,p) \tag{C.2-2}$$

$$H_{CH_4}(T,p) = \Delta H_{CH_4}(T_0,p_0 \to T,p) \tag{C.2-3}$$

将表 C.2-1 中的数据分别代入上式，可计算得到甲烷在状态 1 和状态 2 下的

焓值分别为 E_1=61.106 kJ/mol 和 E_2=64.639 kJ/mol，焓值分别为 H_1=−0.891 kJ/mol 和 H_2=1.813 kJ/mol。

> **问题2**：试计算甲烷从 0 ℃、50 kPa 变化到 75 ℃、200 kPa 的㶲变、焓变。

解：初始状态压力低于 100 kPa，故特别将环境参考态压力设定为 p_0=1×10^{-6} kPa，环境参考态温度依然维持 T_0=298.15 K，按 GB/T 14909—2021 中 A.4.1 的规定，计算该问题的㶲变和焓变。

状态 1：T_1=0 ℃（273.15 K），p_1=50 kPa，状态 2：T_2=75 ℃（348.15 K），p_2=200 kPa。

采用上述问题 1 的计算方法，可以计算出甲烷在状态 1 和状态 2 下的㶲值分别为 E_1=61.106 kJ/mol 和 E_2=64.639 kJ/mol，焓值分别为 H_1=−0.891 kJ/mol 和 H_2=1.813 kJ/mol。将该数据代入下式：

$$\Delta E_{\mathrm{CH_4}}\left(T_1, p_1 \rightarrow T_2, p_2\right) = E_{\mathrm{CH_4}}\left(T_2, p_2\right) - E_{\mathrm{CH_4}}\left(T_1, p_1\right) = E_2 - E_1$$
$$\Delta H_{\mathrm{CH_4}}\left(T_1, p_1 \rightarrow T_2, p_2\right) = H_{\mathrm{CH_4}}\left(T_2, p_2\right) - H_{\mathrm{CH_4}}\left(T_1, p_1\right) = H_2 - H_1$$

则可以计算得到甲烷从状态1变化到状态2的㶲变为3.533 kJ/mol，焓变为2.704 kJ/mol。

> **问题3**：混合物中含甲烷30%（摩尔分数）和乙烷70%。试计算该混合物在 50 ℃、100 kPa 时的㶲值和焓值。

解：特别将环境参考态压力设定为 p_0=1×10^{-9} kPa，环境参考态温度依然维持 T_0=298.15 K，按 GB/T 14909—2021 中 A.4.1 的规定，计算该混合物的㶲值和焓值。甲烷和乙烷为非极性有机物，且在 50 ℃（323.15 K）、100 kPa 时为气态，可设该体系为理想混合物。

借助 Refprop 软件查得该混合物中甲烷和乙烷在对应状态下的焓和熵值列于表 C.2-2。

表 C.2-2　甲烷和乙烷在题设环境参考态与给定状态下的焓值与熵值

项目	T/K	p/ kPa	H/（kJ/mol）	S/[kJ/(mol·K)]
甲烷（CH$_4$）				
环境参考态	298.15	1×10^{-9}	14.614	0.31782
题给状态	323.15	100（混合物）	15.505	0.11011
乙烷（C$_2$H$_6$）				
环境参考态	298.15	1×10^{-9}	20.138	0.31303
题给状态	323.15	100（混合物）	21.438	0.10668

按照问题 1 的算法，在 323.15 K、100 kPa 总压下，甲烷的㶲值 $E_{\mathrm{CH_4}}$ 和焓值 $H_{\mathrm{CH_4}}$ 分别为 $E_{\mathrm{CH_4}}$=62.819 kJ/mol 和 $H_{\mathrm{CH_4}}$=0.891 kJ/mol；乙烷的㶲值 $E_{\mathrm{C_2H_6}}$ 和焓值

$H_{\text{C}_2\text{H}_6}$ 分别为 $E_{\text{C}_2\text{H}_6}$=62.823 kJ/mol 和 $H_{\text{C}_2\text{H}_6}$=1.300 kJ/mol。

根据 GB/T 14909—2021 附录 A 的公式（A.21）和公式（A.23），可得理想混合物的摩尔㶲和摩尔焓：

$$E^{\text{id}}\left(T, p, \underline{x}\right) = \sum x_i \left[E_i\left(T, p\right) + RT_0 \ln x_i \right] \tag{A.21}$$

$$H^{\text{id}}\left(T, p, \underline{x}\right) = \sum x_i H_i\left(T, p\right) \tag{A.23}$$

由此计算可得该混合物在 323.15 K、100 kPa 时的㶲值和焓值分别为 61.340 kJ/mol 和 1.177 kJ/mol。

C.2.2 负环境压力状态下化学反应的㶲变和焓变计算

> **问题 4**：环己烷在 275 ℃、80 kPa 条件下可进行脱氢均相反应（$\text{C}_6\text{H}_{12} \longrightarrow \text{C}_6\text{H}_6 + 3\text{H}_2$），原料中只有环己烷，而平衡产物中环己烷、苯和氢气的摩尔分数分别为 6.39%、23.40% 和 70.21%。试计算该反应过程的㶲变和焓变以及过程品位。

解：此反应压力低于 100 kPa，故特别将环境参考态压力设定为 $p_0=1\times10^{-9}$ kPa，环境参考态温度依然维持 T_0=298.15 K，按 GB/T 14909—2021 中 A.4.2 的规定，计算该反应过程的㶲变和焓变。本例涉及一些化学平衡的概念与解析方法，可以参阅教材 *Introduction to Chemical Engineering Thermodynamics*（Smith J M，2017）和《流体与过程热力学》（郑丹星，2010）。

由题给条件知：该反应条件为温度 275 ℃（548.15 K），压力 80 kPa，设反应物为 1 mol C_6H_{12}，**平衡反应进度**（equilibrium reaction coordinate）为 ξ，则产物中环己烷、苯和氢气的平衡摩尔数为：

$$\begin{aligned} n_{\text{C}_6\text{H}_{12}} &= 1 - \xi \\ n_{\text{C}_6\text{H}_6} &= \xi \\ n_{\text{H}_2} &= 3\xi \end{aligned} \tag{C.2-4}$$

根据题给苯的平衡摩尔组成，可有：

$$y_{\text{C}_6\text{H}_6} = \frac{n_{\text{C}_6\text{H}_6}}{\sum n_i} = \frac{\xi}{1 + 3\xi} = 0.2340 \tag{C.2-5}$$

解出平衡反应进度 ξ=0.7852，代入公式（C.2-4）可得平衡摩尔数：0.2148 mol C_6H_{12}、0.7852 mol C_6H_6 和 2.3557 mol H_2。

状态 1：反应物 1 mol C_6H_{12} 在 548.15 K、80 kPa 下；状态 2：反应物 1 mol C_6H_{12}

在298.15 K、100 kPa下；状态3：产物0.2148 mol C_6H_{12}、0.7852 mol C_6H_6和2.3557 mol H_2在298.15 K、100 kPa下；状态4：产物0.2148 mol C_6H_{12}、0.7852 mol C_6H_6和2.3557 mol H_2在548.15 K、80 kPa下。参照本书第2章有关章节和图2-6，有助于理解这一计算策略。

第一步：利用Refprop软件（在软件中设定数值计算的参考态为298.15 K、$1×10^{-9}$ kPa）计算状态1到状态2的㶲变与焓变，参照问题1得ΔE_1＝−16.275 kJ/mol，ΔH_1＝−72.760 kJ/mol。

第二步：基于下述工作，计算状态2到状态3的㶲变与焓变，得ΔE_2＝76.717 kJ/mol，ΔH_2＝162.828 kJ/mol。

① 查手册 *Lange's Handbook of Chemistry*（Speight，2016）可得 C_6H_{12}、C_6H_6 和 H_2 的标准生成Gibbs自由能和标准生成焓：

$$\Delta_f G^{\ominus}_{C_6H_{12}}=26.7 \text{ kJ/mol}；\Delta_f G^{\ominus}_{C_6H_6}=1244 \text{ kJ/mol}；\Delta_f G^{\ominus}_{H_2}=0 \text{ kJ/mol}$$

$$\Delta_f H^{\ominus}_{C_6H_{12}}=-156.4 \text{ kJ/mol}；\Delta_f H^{\ominus}_{C_6H_6}=49.0 \text{ kJ/mol}；\Delta_f H^{\ominus}_{H_2}=0 \text{ kJ/mol}$$

② 查表 A.1 "元素的标准㶲和标准焓"，可得 C 和 H 的标准㶲和标准焓：

$$E^{\ominus}_C=410.514 \text{ kJ/mol}；E^{\ominus}_H=117.595 \text{ kJ/mol}$$

$$H^{\ominus}_C=412.246 \text{ kJ/mol}；H^{\ominus}_H=137.079 \text{ kJ/mol}$$

③ 将上述数据代入 GB/T 14909—2021 的公式（A.9）和公式（A.10）：

$$E^{\ominus}_{A_aB_bC_c} = \Delta_f G^{\ominus}_{A_aB_bC_c} + aE^{\ominus}_A + bE^{\ominus}_B + cE^{\ominus}_C \quad （A.9）$$

$$H^{\ominus}_{A_aB_bC_c} = \Delta_f H^{\ominus}_{A_aB_bC_c} + aH^{\ominus}_A + bH^{\ominus}_B + cH^{\ominus}_C \quad （A.10）$$

例如，对C_6H_{12}有：

$$E^{\ominus}_{C_6H_{12}} = \Delta_f G^{\ominus}_{C_6H_{12}} + 6E^{\ominus}_C + 12E^{\ominus}_H$$

$$H^{\ominus}_{C_6H_{12}} = \Delta_f H^{\ominus}_{C_6H_{12}} + 6H^{\ominus}_C + 12H^{\ominus}_H$$

最后，可得 C_6H_{12}、C_6H_6 和 H_2 的标准㶲和标准焓分别为

$$E^{\ominus}_{C_6H_{12}}=3900.924 \text{ kJ/mol}；E^{\ominus}_{C_6H_6}=3293.054 \text{ kJ/mol}；E^{\ominus}_{H_2}=235.190 \text{ kJ/mol}$$

$$H^{\ominus}_{C_6H_{12}}=3962.024 \text{ kJ/mol}；H^{\ominus}_{C_6H_6}=3344.950 \text{ kJ/mol}；H^{\ominus}_{H_2}=274.158 \text{ kJ/mol}$$

④ 因此体系可视作理想混合物，故将上述数据代入公式（C.2-6）和公式（C.2-7）：

$$\Delta_r E^{\ominus} = \sum_p v_j E^{\ominus}_j - \sum_r v_i E^{\ominus}_i \quad （C.2-6）$$

$$\Delta_r H^{\ominus} = \sum_p v_j H^{\ominus}_j - \sum_r v_i H^{\ominus}_i \quad （C.2-7）$$

可得该反应在298.15 K、100 kPa下的焓变与㶲变分别为：

$$\Delta_r E^\ominus = 76.717 \text{ kJ/mol} ; \Delta_r H^\ominus = 162.828 \text{ kJ/mol}$$

第三步：利用 Refprop 软件（在软件中设定数值计算的参考态为 298.15 K、1×10^{-9} kPa）计算状态 3 到状态 4 的㶲变与焓变，参照问题 3 得 ΔE_3= 17.314 kJ/mol，ΔH_3=82.619 kJ/mol。

第四步：合计上述三个过程的㶲变或焓变，即为该反应在 548.15 K、80 kPa 的㶲变和焓变：

$$\Delta_r E = \Delta E_1 + \Delta E_2 + \Delta E_3 = 77.756 \text{ kJ/mol}$$

$$\Delta_r H = \Delta H_1 + \Delta H_2 + \Delta H_3 = 172.717 \text{ kJ/mol}$$

则此反应过程的品位为：

$$A = \frac{\Delta_r E}{\Delta_r H} = 0.450 \tag{C.2-8}$$

C.3　城市可燃垃圾的物质品位评估

问题：某地生活垃圾样本的测试数据如表 C.3-1。试分别计算其㶲值、焓值和物质品位，并试作分析与评估。

表 C.3-1　某地生活垃圾的组成及热值数据

序号	质量分数 /%						含水率	湿基低位热值 / （kJ/kg）
	有机物	纸类	塑料橡胶	纺织物	木竹	杂质		
1	60.61	8.60	10.90	2.15	5.17	12.57	0.5563	4439
2	47.74	12.96	14.32	10.31	2.78	11.89	0.5077	6239
3	39.03	8.05	25.5	10.72	2.67	14.03	0.4318	6645
4	40.16	10.81	17.22	14.81	2.48	14.52	0.4350	8150
5	36.17	12.81	17.36	11.32	10.64	11.70	0.5889	4646
6	39.70	10.33	22.13	10.46	7.38	10.00	0.5954	5609

解：本例采用 GB/T 14909—2021 规定的环境参考态温度和压力，即 T_0=298.15 K 和 $p^\ominus$=100 kPa，及其规定的环境基准物体系，求解该问题中垃圾的㶲值、焓值和物质品位。

（1）固态燃料的低位热和湿基低位热的数值关系

因为本案例给出的是湿基低位热（含水燃料的低位燃烧热，也称为应用基低位热）数据，与干基低位热数值关系如公式（C.3-1）：

$$\Delta_c H_s = \left(\Delta_c H_s^W + w \Delta_{ev} H_w \right) / (1-w) \tag{C.3-1}$$

式中，$\Delta_c H_s$ 和 $\Delta_c H_s^{\text{W}}$ 分别为固态燃料（干基）的低位热和湿基低位热值（kJ/kg）；w 和 $\Delta_{ev} H_w$ 分别为生活垃圾的含水率和水的汽化热（kJ/kg），本例取其数值为 2442.3 kJ/kg。

（2）垃圾的㶲值、焓值和物质品位的计算方法

GB/T 14909—2021 附录 A.3.1.3 给出了未知化学组成的复杂"燃料标准㶲和标准焓的估算的方法"，其标准㶲和标准焓的估算公式分别为：

$$E_s^{\ominus} = a_s \left(\Delta_c H_s\right)^2 + b_s \Delta_c H_s + c_s \left(2800 < \Delta_c H_s < 44400\right) \quad (A.13)$$

$$H_s^{\ominus} = e_s \left(\Delta_c H_s\right)^2 + f_s \Delta_c H_s + g_s \left(2800 < \Delta_c H_s < 44400\right) \quad (A.16)$$

式中，$E_s^{\ominus}$，$H_s^{\ominus}$ 分别为固态燃料标准㶲和标准焓的估算值（kJ/kg）；$\Delta_c H_s$ 为固态燃料的低位热值（kJ/kg）；a_s, b_s, c_s, e_s, f_s, g_s 分别为燃料低位热值的对应项系数，从表 C.3-2（GB/T 14909—2021 的表 A.4）中选取。

表 C.3-2　采用低热值时公式（A.13）和公式（A.16）的系数

聚焦态	公式	燃烧热 /（kJ/kg）	a_s, e_s	b_s, f_s	c_s, g_s
固态 (s)	(A.13)	低位热值	-5.6089×10^{-8}	1 0078	1.9642×10^3
固态 (s)	(A.16)	低位热值	-5.5948×10^{-7}	1.0344	2.1333×10^3

设公式（A.13）和公式（A.16）的标准㶲和标准焓估算值为题设条件的㶲值和焓值，且根据 GB/T 14909—2021 的公式（11），针对题给条件的垃圾有：

$$\alpha_s \left(T, p, \underline{x}\right) = \frac{E_s \left(T, p, \underline{x}\right)}{H_s \left(T, p, \underline{x}\right)} \quad (C.3-2)$$

将表 C.3-1 的湿基低位热值和含水率代入公式（C.3-1），可得表 C.3-3 各类垃圾的低位热。然后，基于表 C.3-2 的公式系数和表 C.3-3 的低位热数据，利用公式（A.13）和公式（A.16），可以计算出各类垃圾的㶲值、焓值和物质品位。

表 C.3-3　某地生活垃圾的标准㶲值、标准焓值和物质品位

序号	低位热 /（kJ/kg）	㶲值 /（kJ/kg）	焓值 /（kJ/kg）	物质品位
1	13067	15123	15554	0.972
2	15192	17262	17719	0.974
3	13551	15610	16048	0.973
4	16305	18382	18851	0.975
5	14800	16867	17320	0.974
6	17457	19540	20020	0.976

（3）分析与评估

粗略比较 6 种生活垃圾的数据，低位热、焓值、㶲值和物质品位是对应正相关关系。例如，低位热高者，后者数值也高；反之亦然。6 种生活垃圾的物质品位差异不大，但精细位数依然反映了它们的差异。

在表 C.3-1 中，各样本的组成均有特点。例如，序号 1 的样本有机物含量最高；序号 2 的样本纸类含量最高，等等。一般来说，可燃物的热值高低主要受其碳元素和氢元素含量影响。例如，比较样本中的序号 1 和序号 6 可以发现，前者有机物含量高，但杂质含量也高，而其他高碳氢组分像塑料橡胶含量一般；后者则相反，杂质含量低了些，其他高碳氢组分的含量则普遍较高，出现了后者的物质品位比前者高的结果。

C.4 封闭体系的㶲变计算：压缩封闭在气缸内的空气

> **问题：** 充装在气缸内的空气，初态与周围环境相平衡，其参数为 $p_1=120\,kPa$，$T_1=298.15\,K$。外界每千克空气耗功 37 kJ 使其压力升高。试问：①该压缩过程中空气的终态压力最高可能达到多少 kPa？②若实际终态压力为 300 kPa，该过程的㶲损失为多少？已知空气的气体常数为 $R=0.287\,kJ/(kg \cdot K)$。

解： 设以本例所述环境为㶲值计算基准，且根据题给条件设空气为理想气体，分别求解如下。

（1）空气的最高终态压力

按题目意义，消耗同样的功率，显然只有当空气经历完全可逆的压缩过程时，终态压力才可能达到最高值。为此，压缩过程是可逆的，同时向周围环境的散热过程也必须是可逆的（传热温差等于零）。换句话说，此时空气经历的是可逆等温压缩过程，终态温度等于初态温度，即 $T_2=T_1=298.15\,K$。

以空气为封闭体系，其可逆过程的㶲平衡关系为：

$$\left(E_2 - E_1\right) + W = 0 \tag{C.4-1}$$

根据题给条件，空气初始态与环境相平衡，故其㶲值为零，即 $E_1=0$。于是，对于每千克空气有公式（C.4-1）的描述：

$$e_2 = -w = 37\,kJ/kg \tag{C.4-1a}$$

另一方面，根据过程㶲变又有：

$$e_2 = \left(u_2 - T_0 s_2 + p^{\ominus} v_2\right) - \left(u_1 - T_0 s_1 + p^{\ominus} v_1\right)$$
$$= \left(u_2 - u_1\right) + p_1\left(v_2 - v_1\right) - T_1\left(s_2 - s_1\right) \tag{C.4-2}$$

由于是等温过程，则：

$$u_2 - u_1 = 0$$

而理想气体有：

$$v_2 - v_1 = RT\left(\frac{1}{p_2} - \frac{1}{p_1}\right)$$

$$s_2 - s_1 = -R \ln\left(\frac{p_2}{p_1}\right)$$

将以上三个式子代入公式（C.4-2），有公式（C.4-1a）和公式（C.4-2a）：

$$e_2 = RT_1\left[\ln\left(\frac{p_2}{p_1}\right) + \left(\frac{p_1}{p_2}\right) - 1\right] = 0.287 \times 298.15\left[\ln\left(\frac{p_2}{120}\right) + \left(\frac{120}{p_2}\right) - 1\right]$$
$$\tag{C.4-2a}$$

联立求解公式（C.4-1a）和公式（C.4-2a），得空气终态的最高压力 $p_{2,\text{max}}$–360 kPa。

（2）该过程的㶲损失

若终态实际压力 p_2 为 300 kPa，说明空气经历了不可逆压缩过程，其㶲平衡关系为：

$$\left(E_2 - E_1\right) + W + I = 0 \tag{C.4-3}$$

式中，I 为内部㶲损失与外部㶲损失之和，其值为：

$$I = -W - E_2 = 37 - RT_1\left[\ln\left(\frac{p_2}{p_1}\right) + \left(\frac{p_1}{p_2}\right) - 1\right]$$
$$= 37 - 0.287 \times 298.15\left[\ln\left(\frac{300}{120}\right) + \left(\frac{120}{300}\right) - 1\right] = 9.95 \text{ kJ}$$

C.5　管路流体输送过程的㶲分析

C.5.1　管路流体输送过程的㶲分析模型

（1）流动过程的㶲变与焓变

以流体通过直管段管路为例（如图 C.5-1）。设直管绝热条件下有输送流体的净机械功 W_s 输入，进口与出口分别有能量性质焓 H 和熵 S，以及流速 u 和相对

高度 Z（相对于环境基准的高度）。

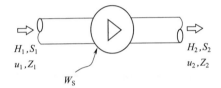

图 C.5-1　流体输送直管管路进出口的能量性质变化

根据稳定流动体系的热力学第一定律和第二定律，在管路进口（状态 1）和出口（状态 2）之间有能量平衡关系和熵平衡关系：

$$H_1 + gZ_1 + \frac{u_1^2}{2} + W_S = H_2 + gZ_2 + \frac{u_2^2}{2} \qquad \text{(kJ/kg)} \quad \text{(C.5-1)}$$

$$S_1 + S_{\text{gen}} = S_2 \qquad [\text{kJ/(kg·K)}] \quad \text{(C.5-2)}$$

式中，S_{gen} 为流体在管路中流动的能量耗散所导致的熵产生。

根据㶲的定义，以环境参考态温度 T_0 整理、合并公式（C.5-1）和公式（C.5-2），有：

$$\left(H_2 - T_0 S_2\right) - \left(H_1 - T_0 S_1\right) + \left(gZ_2 - gZ_1\right) + \left(\frac{u_2^2}{2} - \frac{u_1^2}{2}\right) = W_S - T_0 S_{\text{gen}} \quad \text{(kJ/kg)}$$

$$\text{(C.5-3)}$$

式中，左边第三项与第四项的单位为 m^2/s^2，即 J/kg，须乘以 10^{-3}，才能与其他项一致。以下类似公式同此处理。

公式（C.5-1）中的动能项为物体因机械运动而具有的能量；势能项，确切些应该是重力势能，是物体因为重力作用而拥有的能量。两者均为机械能，那么根据㶲的概念，两者亦均为㶲。因此，可以分别定义**动能㶲**（kinetic exergy）和**势能㶲**（potential exergy）为：

$$E_K \equiv \frac{u^2}{2} \times 10^{-3} \qquad \text{(kJ/kg)} \quad \text{(C.5-4)}$$

$$E_P \equiv g\left(Z - Z_0\right) \times 10^{-3} \qquad \text{(kJ/kg)} \quad \text{(C.5-5)}$$

即流体的动能全部是㶲、势能也全部是㶲。而流动体系（开放体系）的**流动㶲**（flow exergy，或称为焓㶲）为：

$$E = \left(H - T_0 S\right) - \left(H_0 - T_0 S_0\right) \qquad \text{(kJ/kg)} \quad \text{(C.5-6)}$$

式中，流动㶲记作 E，kJ/kg，与流体的焓 H 和熵 S 对应，通常不加注其他上标或下标。则公式（C.5-3）可改写为：

$$\left(E_2 - E_1\right) + \left(E_{K,2} - E_{K,1}\right) + \left(E_{P,2} - E_{P,1}\right) = W_S - T_0 S_{\text{gen}} \qquad \text{(kJ/kg)} \quad \text{(C.5-3a)}$$

流体含有的㶲为流动㶲、动能㶲和势能㶲三部分之和，即流体通过管路时的㶲变为：

$$\Delta E + \Delta E_\mathrm{P} + \Delta E_\mathrm{K} = W_\mathrm{S} - T_0 S_\mathrm{gen} \quad \text{（kJ/kg）} \quad \text{（C.5-3b）}$$

另外，根据公式（C.5-1），并对应公式（C.5-3a），有流体通过管路时的焓变：

$$\left(H_2 - H_1 \right) + \left(E_{\mathrm{P},2} - E_{\mathrm{P},1} \right) + \left(E_{\mathrm{K},2} - E_{\mathrm{K},1} \right) = W_\mathrm{S} \quad \text{（kJ/kg）} \quad \text{（C.5-1a）}$$

即：

$$\Delta H + \Delta E_\mathrm{P} + \Delta E_\mathrm{K} = W_\mathrm{S} \quad \text{（kJ/kg）} \quad \text{（C.5-1b）}$$

（2）伯努利（Bernoulli）方程

伯努利方程是公式（C.5-1）的变形，它给出管路流体流动的机械能守恒关系：

$$\frac{p_1}{\rho} + gZ_1 + \frac{u_1^2}{2} + W_\mathrm{S} = h_\mathrm{f} + \frac{p_2}{\rho} + gZ_2 + \frac{u_2^2}{2} \quad \text{（kJ/kg）} \quad \text{（C.5-7）}$$

式中，p_i/ρ 为流体的**静压能**（static pressure energy），计算时的单位为 Pa/(kg•m^{-3})，即 J/kg，须乘以 10^{-3} 转换为 kJ/kg。

为适合不同应用场合的分析，公式（C.5-7）可以变形为：

$$p_1 + \rho gZ_1 + \rho \frac{u_1^2}{2} + \rho W_\mathrm{S} = \rho h_\mathrm{f} + p_2 + \rho gZ_2 + \rho \frac{u_2^2}{2} \quad \text{（Pa）}$$

$$\text{（C.5-7a）}$$

此时，式中除了机械能损失以外的各个加和项主要有：**静压**（static pressure）、**位压**（elevation pressure）、**动压**（dynamic pressure）。

公式（C.5-7）也可以变形为：

$$\frac{p_1}{g\rho} + Z_1 + \frac{u_1^2}{2g} + \frac{W_\mathrm{S}}{g} = \frac{h_\mathrm{f}}{g} + \frac{p_2}{g\rho} + Z_2 + \frac{u_2^2}{2g} \quad \text{（m）} \quad \text{（C.5-7b）}$$

（3）流体输送过程的能量损失

① 机械能损失

流体阻力是指单位质量流体的**机械能损失**（mechanical energy loss），其产生的原因在于流体内部的黏性耗散，即在流体输送过程中黏性摩擦力引起的机械能转换成热能的现象。

流体在直管中流动，内摩擦（层流，$Re \leqslant 2000$）和流体中的涡旋（湍流，$Re > 2000$）导致的机械能损失称为直管阻力。流体通过弯头、阀门、孔板、变径部件等各种管件，流道方向与流通截面的变化产生大量旋涡而导致的机械能损失称为局部阻力。流体在管路中的机械能损失为直管阻力与局部阻力之和。

直管阻力按公式（C.5-8）计算：

$$h_{f,1} = \lambda \frac{L}{D} \times \frac{u^2}{2} \times 10^{-3} \qquad \text{(kJ/kg)} \qquad \text{(C.5-8)}$$

式中，λ 为摩擦因子 [该数值与流体的 Re 数（其数值取决于流体黏度、密度、管道内径和流体流速）和管壁相对粗糙度有关，求取方法可查阅化工计算资料]；L 和 D 分别为管长与管道内径，m；u 为流体的平均流速，m/s。

一段管路所有管件的局部阻力之和为该段管路的局部阻力；其值可用阻力系数法 [公式（C.5-9）] 或当量长度法 [公式（C.5-10）] 计算：

$$h_{f,2} = \frac{u^2}{2} \sum K_i \times 10^{-3} \qquad \text{(kJ/kg)} \qquad \text{(C.5-9)}$$

$$h_{f,2} = \frac{\lambda}{D} \times \frac{u^2}{2} \sum L_i \times 10^{-3} \qquad \text{(kJ/kg)} \qquad \text{(C.5-10)}$$

式中，K_i 和 L_i 分别为所有管件的阻力系数和当量长度，求取方法可查阅化工计算资料，例如，《化工工艺设计手册》（中国石化集团上海工程有限公司，2009）。

综合上述分析，流体在管路中的机械能损失为直管阻力与局部阻力之和，其数值计算分别有基于阻力系数法和当量长度法的两种合计方法：

$$h_f = \frac{u^2}{2} \left(\lambda \frac{L}{D} + \sum K_i \right) \times 10^{-3} \qquad \text{(kJ/kg)} \qquad \text{(C.5-11)}$$

或：

$$h_f = \lambda \frac{u^2}{2} \times \frac{L + \sum L_i}{D} \times 10^{-3} \qquad \text{(kJ/kg)} \qquad \text{(C.5-12)}$$

② **内部㶲损失**

可以认为，管路中流动阻力形成的机械能损失是流体输送过程熵产生的根本原因，令：

$$S_{gen} \equiv \frac{h_f}{T} \qquad \text{[kJ/(kg·K)]} \qquad \text{(C.5-13)}$$

式中，T 为流体的平均温度，K。由此可知流体通过管路时的内部㶲损失为：

$$I_{int} = T_0 \frac{h_f}{T} \qquad \text{(kJ/kg)} \qquad \text{(C.5-14)}$$

③ **机械功损失**

因为流体输送设备的效率为：

$$\eta_M = W_S / W \qquad \text{(C.5-15)}$$

式中，W 为流体输送机械的实际机械功，故可以将管路流体输送机械的实际机械功与净机械功之差称为**机械功损失** (shaft work loss)：

$$W - W_S \equiv W(1 - \eta_M) \qquad \text{(C.5-16)}$$

改写公式（C.5-7），有：

$$\frac{p_1}{\rho} + gZ_1 + \frac{u_1^2}{2} + W - W\left(1-\eta_{\mathrm{M}}\right) = h_{\mathrm{f}} + \frac{p_2}{\rho} + gZ_2 + \frac{u_2^2}{2} \quad (\mathrm{kJ/kg})$$

$$(\mathrm{C.5\text{-}17})$$

或：

$$\frac{p_1}{\rho} + gZ_1 + \frac{u_1^2}{2} + W = \left[h_{\mathrm{f}} + W\left(1-\eta_{\mathrm{M}}\right)\right] + \frac{p_2}{\rho} + gZ_2 + \frac{u_2^2}{2} \quad (\mathrm{kJ/kg})$$

$$(\mathrm{C.5\text{-}17a})$$

根据公式（C.5-17a）可知，流体输送过程的能量损失由两部分构成，即流体流动的机械能损失和输送设备的机械功损失。

对应公式（C.5-17a），结合公式（C.5-14）和公式（C.5-17），可改写公式（C.5-3b）为：

$$E_1 + E_{\mathrm{P,1}} + E_{\mathrm{K,1}} + W = \left[I_{\mathrm{int}} + W\left(1-\eta_{\mathrm{M}}\right)\right] + E_2 + E_{\mathrm{P,2}} + E_{\mathrm{K,2}} \quad (\mathrm{kJ/kg})$$

$$(\mathrm{C.5\text{-}18})$$

根据公式（C.5-18）可知，流体输送过程的㶲损失由两部分构成，即流体流动的内部㶲损失和机械功损失。机械功损失是流体输送过程的外部㶲损失。

（4）评价指标

① 流体输送过程的能量效率

如果将公式（C.5-17a）的左项之和作为流体输送过程输入能量的"支付"，右项作为过程输出能量的"损失"（方括号中项目）与"收益"（方括号外项目），则流体输送过程的能量效率可定义为：

$$\eta \equiv \left(\frac{p_2}{\rho} + gZ_2 + \frac{u_2^2}{2}\right)\bigg/\left(\frac{p_1}{\rho} + gZ_1 + \frac{u_1^2}{2} + \frac{W_{\mathrm{S}}}{\eta_{\mathrm{M}}}\right)$$

$$= 1 - \left[h_{\mathrm{f}} + W\left(1-\eta_{\mathrm{M}}\right)\right]\bigg/\left(\frac{p_1}{\rho} + E_{\mathrm{P,1}} + E_{\mathrm{K,1}} + W\right) \quad (\mathrm{C.5\text{-}19})$$

② 流体输送过程的㶲效率

类似公式（C.5-19），基于公式（C.5-18）得流动过程的目的㶲效率为：

$$\phi = \left(E_2 + E_{\mathrm{K,2}} + E_{\mathrm{P,2}}\right)\bigg/\left(E_1 + gZ_1 + \frac{u_1^2}{2} + \frac{W_{\mathrm{S}}}{\eta_{\mathrm{M}}}\right)$$

$$= 1 - \left[I_{\mathrm{int}} + W\left(1-\eta_{\mathrm{M}}\right)\right]\bigg/\left(E_1 + E_{\mathrm{P,1}} + E_{\mathrm{K,1}} + W\right) \quad (\mathrm{C.5\text{-}20})$$

式中，内部㶲损失 I_{int} 按照公式（C.5-14）计算。显然，公式（C.5-20）是基于目的㶲效率的概念给出的。另外，E_1 为流体在界面 1 的流动㶲，因为这里仅分析机械能的转换，故此值可以按照公式（C.5-21）计算：

$$E_1 = C_{p,1}\left[\left(T_1 - T_0\right) - T_0\ln\left(\frac{T_1}{T_0}\right)\right] \quad (\text{kJ/kg}) \quad (\text{C.5-21})$$

式中，T_1 为流体的温度，K；$C_{p,1}$ 为流体在进口状态下的比热容，kJ/(kg·K)。

显然，当没有流体输送泵的机械功介入时，可以略去公式（C.5-20）和公式（C.5-21）的机械功项。另外，对于一个给定输送目的管路输送系统，其输送设备的机械功消耗 W，通常也被视为一个重要指标。

C.5.2 简单管路流动过程㶲分析

（1）案例问题

某吸收工艺的吸收液从储液罐输送至吸收塔的管路如图 C.5-2 所示。该管路可分为两段，吸收液先借助压差从储液罐 A 流向储液罐 B，然后再由泵送入吸收塔 C。吸收液的密度（ρ）为 916 kg/m³，流量（Q）为 48 m³/h，设全管路平均温度为 30 ℃和此温度下流体的比热容（C_p）为 2.57 kJ/(kg·K)。该管路的部分参数如图 C.5-2 和表 C.5-1 所示。

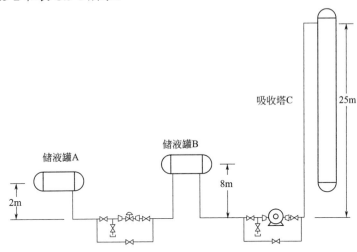

图 C.5-2 吸收液输送管路流程示意

表 C.5-1 吸收液输送管路参数条件

项目	起点和终点	高度 /m	管长 /m	管径 /mm	操作压力 /kPa
AB 段	储液罐 A	2	70	100	350
	储液罐 B	8		100	235
BC 段	储液罐 B	8		100	235
	吸收塔 C	25		75	215

AB 段：管路摩擦因子（λ）为 0.022；管路中弯头、闸阀、异径管、直流三通、调节阀各有多个，管件阻力系数与件数乘积之和（$\sum K_i$）为 30.07。

BC 段：管路的机械能损失为 90 J/kg；吸收液泵的效率为 75%。

试求解：AB 段、BC 段、AC 段（全管路）的㶲损失、能量效率、㶲效率以及泵的功率。

（2）问题求解

① AB 段

已知该段流量为 48 m³/h，管径为 100 mm，则液体流速：

$$u_2 = Q \bigg/ \left(\frac{\pi}{4} D^2 \right) = \left(\frac{48}{3600} \right) \bigg/ \left(\frac{\pi}{4} \times 0.1^2 \right) = 1.698 \, \text{m/s}$$

管路中的机械能损失为直管阻力与局部阻力之和，根据题给条件中的管长、管径和管件阻力数据，机械能损失为：

$$h_{f,AB} = \frac{u_2^2}{2} \left(\lambda \frac{L}{D} + \sum K_i \right) \times 10^{-3}$$

$$= \frac{1.698^2}{2} \left(0.022 \times \frac{70}{0.1} + 30.07 \right) \times 10^{-3} = 0.066 \, \text{kJ/kg}$$

进而，根据液体平均温度计算出内部㶲损失：

$$I_{int,AB} = T_0 \frac{h_{f,AB}}{T} = \frac{298.15}{303.15} \times 0.066 = 0.064 \, \text{kJ/kg}$$

根据公式（C.5-19）可计算 AB 段输送过程的能量效率：

$$\eta_{AB} = 1 - h_{f,AB} \bigg/ \left(\frac{p_1}{\rho} + gZ_1 + \frac{u_1^2}{2} \right)$$

$$= 1 - 0.066 \bigg/ \left(\frac{350}{916} + 9.81 \times 2 \times 10^{-3} + 0 \right) = 0.8357 \,(83.57\%)$$

另外，已知吸收液平均温度和此温度下的比热容，有 $C_{p,1} = C_p$，可计算状态 1 时流体的㶲值：

$$E_1 = C_{p,1} \left[(T_1 - 298.15) - 298.15 \ln \frac{T_1}{298.15} \right]$$

$$= 2.57 \left[(303.15 - 298.15) - 298.15 \ln \frac{303.15}{298.15} \right] = 0.106 \, \text{kJ/kg}$$

最后，根据公式（C.5-20）可计算 AB 段输送过程的㶲效率：

$$\phi_{AB} = 1 - I_{int,AB} \bigg/ (E_1 + E_{P,1} + E_{K,1})$$

$$= 1 - 0.064 \bigg/ (0.106 + 9.81 \times 2 \times 10^{-3} + 0) = 0.4893 \,(48.93\%)$$

② BC 段

类似 AB 段，已知 BC 段流量为 48 m³/h，泵后的管径为 75 mm，则液体流速为：u_3=3.019 m/s。

已知机械能损失为 90 J/kg，即 $h_{f,BC}$=0.09 kJ/kg，根据题给 BC 段的数据，有 u_1 为 0，且根据 Z_1=8 m、Z_2=25 m，有动能㶲变和势能㶲变：ΔE_P=0.167 kJ/kg 和 ΔE_K=0.005 kJ/kg。根据表 C.5-1 压降 Δp 为 −20 kPa，可计算出泵消耗的净机械功为：

$$W_S = h_{f,BC} + \frac{\Delta p}{\rho} + \Delta E_P + \Delta E_K$$

$$= 0.09 - \frac{20}{916} + 0.167 + 0.005 = 0.239 \text{ kJ/kg}$$

考虑题给 BC 段吸收液泵的效率为 75%，则该段消耗的实际机械功为：W=0.239/0.75 = 0.319 kJ/kg。其中 25%，即 0.080 kJ/kg，为过程的机械功损失。

进而，根据吸收液密度 916 kg/m³，知其质量流量为：

$$m = Q \times \rho = 48 \times 916 = 43968 \text{ kg/h} = 12.213 \text{ kg/s}$$

则有泵功率：

$$N = m \times W = 12.213 \times 0.319 = 3.900 \text{ kJ/s} = 3.9 \text{ kW}$$

由于该段液态平均温度为 30 ℃，合计 BC 段过程的内部㶲损失为：

$$I_{int,BC} = T_0 \frac{h_{f,BC}}{T} = 298.15 \left(\frac{0.09}{303.15} \right) = 0.089 \text{ kJ/kg}$$

另外，可计算出能量效率：

$$\eta_{BC} = 1 - \left[h_{f,BC} + W(1 - \eta_M) \right] \Big/ \left(\frac{p_1}{\rho} + E_{P,1} + E_{K,1} + W \right)$$

$$= 1 - (0.090 + 0.080) \Big/ \left(\frac{235}{916} + 9.81 \times 8 \times 10^{-3} + 0 + 0.319 \right)$$

$$= 0.7401 (74.01\%)$$

因为 BC 段的吸收液比热容和平均温度与 AB 段相同，故 E_1 相同，为 0.106 kJ/kg。

最后，根据公式（C.5-20）可计算 BC 段输送过程的㶲效率：

$$\phi_{BC} = 1 - \left[I_{int,BC} + W(1 - \eta_M) \right] \Big/ \left(E_1 + E_{P,1} + E_{K,1} + W \right)$$

$$= 1 - (0.089 + 0.080) \Big/ \left(0.106 + 9.81 \times 8 \times 10^{-3} + 0 + 0.319 \right)$$

$$= 0.6643 (66.43\%)$$

③ AC 段

类似 BC 段的方法，并综合 AB 段与 BC 段的数据，有 AC 段全管路的总内部㶲损失：

$$I_{\text{int,AC}} = I_{\text{int,AB}} + I_{\text{int,BC}} = 0.064 + 0.089 = 0.153 \, \text{kJ} / \text{kg}$$

合计 AB 段与 BC 段的机械能损失，有 AC 段全管路的总机械能损失：

$$h_{\text{f,AC}} = h_{\text{f,AB}} + h_{\text{f,BC}} = 0.066 + 0.09 = 0.156 \, \text{kJ} / \text{kg}$$

可计算出 AC 段的能量效率：

$$\eta_{\text{AC}} = 1 - \left[h_{\text{f,AC}} + W\left(1 - \eta_{\text{M}}\right) \right] \Big/ \left(\frac{p_1}{\rho} + E_{\text{P,1}} + E_{\text{K,1}} + W \right)$$

$$= 1 - \left(0.156 + 0.080\right) \Big/ \left(\frac{350}{916} + 9.81 \times 2 \times 10^{-3} + 0 + 0.319 \right) = 0.6725 \, (67.25\%)$$

最后，可计算 AC 段输送过程的目的㶲效率：

$$\phi_{\text{AC}} = 1 - \left[I_{\text{int,AC}} + W\left(1 - \eta_{\text{M}}\right) \right] \Big/ \left(E_1 + E_{\text{P,1}} + E_{\text{K,1}} + W \right)$$

$$= 1 - \left(0.153 + 0.080\right) \Big/ \left(0.106 + 9.81 \times 8 \times 10^{-3} + 0 + 0.319 \right) = 0.4760 \, (47.60\%)$$

将主要计算结果汇总于表 C.5-2，可以看到，总管路的能量效率和目的㶲效率都低于两段分管路。总管路的能量损失、㶲损失均为两段分管路数据的加和，而总管路的输入能量、输入㶲却远小于两段分管路数据的加和，尤其是输入㶲，甚至小于 BC 段。

表 C.5-2　吸收液输送管路㶲分析结果

项目	AB 段	BC 段	AC 段
输入能量 /（kJ/kg）	0.402	0.654	0.721
输入㶲 /（kJ/kg）	0.126	0.503	0.445
机械能损失 /（kJ/kg）	0.066	0.09	0.156
机械功损失 /（kJ/kg）	0	0.08	0.08
能量效率 /%	83.57	74.01	67.25
内部㶲损失 /（kJ/kg）	0.064	0.089	0.153
总㶲损失 /（kJ/kg）	0.064	0.169	0.233
普遍㶲效率 /%	48.93	82.32	65.59
目的㶲效率 /%	48.93	66.43	47.60

C.6　锅炉的㶲分析

C.6.1　确定对象系统

本例系统为示意于图 C.6-1 的一台燃气热水锅炉。在锅炉中，天然气 S1 与空气 S2 混合燃烧，用于加热输入锅炉的给水 S3，使其升温转变为离开锅炉状态的热水 S4。排烟 S5 经引风机自顶部烟囱排出。对象系统边界为锅炉炉壁外侧，包括烟风道直至烟囱出口。锅炉的风机功率为 45 kW。该系统的物流参数示于表 C.6-1。

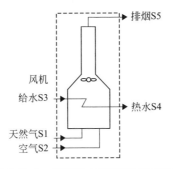

图 C.6-1　燃气热水锅炉系统示意图

表 C.6-1　热水锅炉的物流参数

物流及编号	天然气 S1	空气 S2	给水 S3	热水 S4	排烟 S5
温度 /℃	25	25	90	130	100.5
压力 /MPa	0.1	0.1	1.25	1.25	0.1001
质量流量 /（t/h）	0.648	12.960	179.600	179.600	13.608

C.6.2　明确环境参考态

本例采用 GB/T 14909—2021 规定的环境参考态计算物流热物性进行㶲分析。

C.6.3　说明计算依据

① 天然气设为纯甲烷；

② 空气的体积组成设为 21%O_2 和 79%N_2；

③ 排烟的体积组成设为 2.8%O_2、72.5%N_2、8.2%CO_2 和 16.5%H_2O；

④ 忽略锅炉输入空气的㶲值，即视其㶲值为零；

⑤ 忽略流体输送的阻力；

⑥ 设定锅炉表面散热平均温度为 130 ℃；

⑦ 采用软件 Exergy Calculator$^®$ 计算所需的物流热物性数据。

C.6.4　能量衡算和㶲衡算

（1）物流的焓值与㶲值的计算

将表 C.6-1 中物流的温度、压力、流量与 C.6.3 的组成列表整理，输入 Exergy Calculator$^®$ 软件，计算得到各物流的焓值、㶲值和物质品位，结果列于表 C.6-2。

表 C.6-2　物流的焓值、㶲值和物质品位

物流及编号	天然气 S1	空气 S2	给水 S3	热水 S4	排烟 S5
焓值 /（GJ/h）	35.071	26.091	250.457	280.147	30.559
㶲值 /（GJ/h）	32.872	0	4.554	11.123	1.238
物质品位	0.937	0	0.018	0.040	0.041

（2）能量衡算

基于表 C.6-2 的数据，且考虑风机的输入能量 45 kW（0.162 GJ/h），有表 C.6-3 所示的系统的能量衡算结果。括号内数据为各个物流的焓值百分比。其中，锅炉表面散热损失基于输入与输出的能量衡算，为 1.075 GJ/h，占锅炉热负荷的 0.34%。

表 C.6-3　系统的能量衡算

输入 /（GJ/h）		输出 /（GJ/h）	
天然气 S1	35.071(11.25%)	热水 S4	280.147 (89.85%)
空气 S2	26.091(8.37%)	排烟 S5	30.559 (9.80%)
给水 S3	250.457(80.33%)	散热损失	1.075 (0.34%)
风机功耗	0.162 (0.05%)		
输入合计	311.781(100.00%)	输出合计	311.781(100.00%)

（3）㶲衡算

锅炉的外部㶲损失有两股，一股是排烟 S5，为 1.238 GJ/h；另一股是热损失导致的，因 C.6.3 有锅炉表面散热的平均温度为 130 ℃（403.15 K）的设定，则热损失导致的外部㶲损失为：

$$I_{\text{ext,q}} = Q_{\text{loss}}\left(1 - \frac{T_0}{T}\right) = 1.075 \times \left(1 - \frac{298.15}{403.15}\right) = 0.280\,\text{GJ/h}$$

即外部㶲损失合计为 1.518 GJ/h。基于表 C.6-2 的数据，且考虑上述外部㶲损失计算结果，有表 C.6-4 所示的系统㶲衡算结果。其中，括号内数据为各个物流的㶲值百分比。

因此，基于输入与输出的㶲衡算计算出内部㶲损失为 24.958 GJ/h。锅炉系统的总㶲损失为 26.465 GJ/h。

表 C.6-4　系统的㶲衡算

输入 /（GJ/h）		输出 /（GJ/h）	
天然气 S1	32.872(87.45%)	热水 S4	11.123 (29.59%)
空气 S2	0 (0%)	排烟 S5（外部㶲损失）	1.238 (3.29%)
给水 S3	4.554(12.12%)	热损失导致的外部㶲损失	0.280 (0.74%)
风机功耗	0.162 (0.43%)	内部㶲损失	24.947 (66.37%)
输入合计	37.588(100.00%)	输出合计	37.588(100.00%)

C.6.5 评价与分析

（1）锅炉系统的热效率与㶲效率

根据 GB/T 14909—2021 的公式（5）：

$$\eta_{\text{gen}} = \frac{E_{\text{out}}}{E_{\text{in}}} \times 100\% = \left(1 - \frac{I_{\text{int}}}{E_{\text{in}}}\right) \times 100\%$$

可将本例中锅炉系统的普遍㶲效率表示为：

$$\eta_{\text{gen}} = \left(\frac{E_{S4} + E_{S5} + I_{\text{ext,q}}}{E_{S1} + E_{S2} + E_{S3} + W_F}\right) \times 100\% = \left(1 - \frac{I_{\text{int}}}{E_{S1} + E_{S2} + E_{S3} + W_F}\right) \times 100\%$$

式中，W_F 为风机功耗。

将表 C.6-4 数据代入，可计算出普遍㶲效率为 33.63%。

类似地，根据 GB/T 14909—2021 的公式（6）：

$$\eta_{\text{obj}} = \frac{E_g}{E_p} \times 100\% = \left(1 - \frac{I}{E_p}\right) \times 100\%$$

可将本例中锅炉系统的目的㶲效率表示为（排烟S5计作外部㶲损失的一部分）：

$$\eta_{\text{obj}} = \left(\frac{E_{S4} - E_{S3}}{E_{S1} + E_{S2} + W_F}\right) \times 100\% = \left(1 - \frac{I}{E_{S1} + E_{S2} + W_F}\right) \times 100\%$$

式中，W_F 为风机功耗，将表 C.6-4 数据代入，可计算出目的㶲效率为 19.89%。

另外，若将热水受热量作为锅炉收益，燃料燃烧供热量和风机电耗作为锅炉支付，可有锅炉系统的热效率计算式：

$$\eta = \left(\frac{H_{S4} - H_{S3}}{H_{S1} + H_{S2} - H_{S5} + W_F}\right) \times 100\%$$

将表 C.6-3 数据代入，可计算出锅炉热效率为 96.51%。

比较上面三个效率可以发现：①普遍㶲效率的分子本应为系统"收益"，却没有剔除系统的损失项以致数值较大，但它描述了内部㶲损失的影响。②目的㶲效率厘清并体现了锅炉系统的"收益"在"支付"中的占比，并描述了整体㶲损失的影响——能量质量贬值非常显著，80% 以上是损失。③热效率数值很高，热损失微乎其微，但这种能量数量转换的高效性仅仅是表面描述，㶲分析所揭示的过程热力学代价则是本质的。

（2）热负荷与损失分布

基于表 C.6-3 和表 C.6-4 的数据，可绘制锅炉系统的能流图与㶲流图，如图 C.6-2 所示。比较图 C.6-2（a）和图 C.6-2（b），分析㶲损失数据可以发现该系统的能量负荷特性。

① 总体数值上，对于锅炉系统的输入与输出负荷，㶲流图仅相当于能流图的 1/10 左右。隐含着天然气热水锅炉的加热过程物流与能流的㶲值与焓值存在巨大的差异。

② 因为表 C.6-2 列出的物流物质品位值差异，输入侧的给水 S3 在能流图的占比为 80.33%，而在㶲流图的占比仅为 12.11%；反观天然气 S1，能流图的占比仅为 11.25%，而在㶲流图的占比却上升为 87.43%。输出侧的热水 S4 在能流图的占比为 89.85%，而在㶲流图的占比仅为 29.59%。

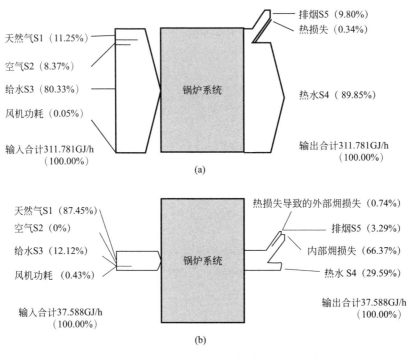

图 C.6-2　锅炉系统的能流图（a）与㶲流图（b）

③ 如表 C.6-5 的汇总数据所示，锅炉的整体㶲损失为 26.465 GJ/h，占输出的 70.41%。其中，94.26% 为内部㶲损失。㶲损失产生的主要原因是锅炉过程的燃烧与传热过程的不可逆性。由于排烟温度已经相当低，所以排烟造成的㶲损失仅仅占 4.68%，而表面热损失造成的外部㶲损失更是微乎其微。

表 C.6-5　系统的㶲损失

项目	㶲损失/（GJ/h）	比例/%
外部㶲损失（排烟 S5）	1.238	4.68
外部㶲损失（热损失导致）	0.280	1.06
内部㶲损失	24.947	94.26
整体㶲损失	26.465	100.00

（3）改进机会与节能措施考虑

根据上述分析可知，该锅炉系统的㶲损失原因主要在内部而非外部。实际上并非完全如此，例如，烟气余热不仅含有显热，而且还有水的相变潜热（本例烟气含水率为 16.5%）。因此，可有如下一些考虑：

① 可以采用喷淋水回收烟气余热。升高温度的喷淋热水使烟气的排出温度更低，含水率大大下降，即大量余热被回收（外部能量损失减少）。然后再利用热泵汲取喷淋水的回收热，用以供热。这意味着有可能通过增加部分电能消耗来减少燃烧天然气（内部㶲损失减少），以更高系统能量转换效率维持原有供热负荷。

② 采用全新的天然气供热方式，例如分布式冷热电系统。该系统通常由发电、余热利用、蓄能、制冷、供热等设备组成。天然气首先用于发电，发电产生的电和余热，再以梯级利用、综合利用的方式实现能源的高效转化与利用，其中包括用于供热。

③ 在目前锅炉表面热损失率为 0.34% 的情况下，即使再改善锅炉的保温、维护措施，也不会有外部㶲损失减少的明显收效。

C.7 家用空调蒸发器的㶲分析

C.7.1 确定对象系统

某形式家用空调机内蒸发器的结构如图 C.7-1；蒸发器管路的传热单元概念模型和管路沿程温度变化的示意如图 C.7-2。该空调蒸发器采用 R134a（偏四氟乙烷，CF_3CH_2F）为制冷剂。制冷剂和空气的进口与出口温度、压力、流量与组成列于表 C.7-1。其中，空气组成与流体的温度和压力条件均做了适当简化。例如，与图 C.7-2 所示的温度变化过程不同，制冷剂出口（S2）气体为饱和状态，进、出口为等温过程。

图 C.7-1 家用空调蒸发器结构

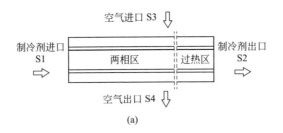

(a)

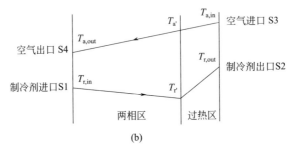

(b)

图 C.7-2 蒸发器管路传热单元概念模型（a）和沿程温度变化（b）

表 C.7-1 蒸发器制冷剂和空气的参数

物流与编号	制冷剂进口 S1	制冷剂出口 S2	空气进口 S3	空气出口 S4
温度 /℃	10.39	10.39	28	16
压力 /kPa	420	420	100	100
气相分率	0.188	1	1	1
流量 / (kg/h)	100	100	491.069	491.069
摩尔分数				
CF_3CH_2F	1	1	0	0
N_2	0	0	0.78	0.78
O_2	0	0	0.21	0.21
Ar	0	0	0.0075	0.0075
H_2O	0	0	0.0025	0.0025

C.7.2 明确环境参考态

本例采用 GB/T 14909—2021 的环境参考态计算物流热物性进行㶲分析。

C.7.3 说明计算依据

① 忽略蒸发器的热损失；

② 忽略流体输送的阻力；

③ 采用 Refprop 软件（参见附录 B.2 数据检索与计算软件 Refprop）计算所需的物流热物性数据。

C.7.4　能量衡算和㶲衡算

（1）物流的焓值与㶲值的计算

根据表 C.7-1 的数据，利用 Refprop 软件，可以计算得到各物流的焓值和㶲值，结果列于表 C.7-2。其中：

① 在 Refprop 软件上设定数值计算参考态为 298.15 K、100 kPa；

② 制冷剂进口的比焓与比㶲数值根据公式（C.7-1）和公式（C.7-2）及表 C.7-2 第一栏（制冷剂饱和液态）与第三栏（制冷剂出口，即制冷剂的饱和气态）的数据计算：

$$h = xh_{vap} + (1-x)h_{liq} \qquad (C.7\text{-}1)$$

$$e = e_{liq} + x(e_{vap} - e_{liq}) \qquad (C.7\text{-}2)$$

式中，h 和 e 分别为物质的比焓（kJ/kg）和比㶲（kJ/kg）；x 为气相分率。

表 C.7-2　物流的焓值和㶲值

物流与编号	制冷剂饱和液态	制冷剂进口 S1	制冷剂出口 S2	空气进口 S3	空气出口 S4
气相分率	0	0.188	1	1	1
焓值／（kJ/kg）	214.1100	368.7310	404.5300	184.7100	177.4200
㶲值／（kJ/kg）	43.4040	35.4350	33.5900	0.0091	0.0842

（2）能量衡算和㶲衡算

基于表 C.7-1 和表 C.7-2 的数据，可有表 C.7-3 所示的系统能量衡算和㶲衡算的结果。表中的数值保留了计算过程产生的正、负号——均为流体的出口性质减去流体的进口性质。这为区分热或㶲的供给侧和接受侧提供了方便。类似空调蒸发器的换热过程，热或㶲的供给侧和接受侧表现特殊：从热的传输角度看，空气侧是热供给侧（放热为负），制冷剂侧是热接受侧（吸热为正），热供给侧的负荷与热接受侧的负荷相等；从㶲的传输角度看则相反，制冷剂侧是㶲供给侧，空气侧是㶲接受侧，㶲供给侧给出的㶲并没有全部交给㶲接受侧，形成了过程的内部㶲损失。

表 C.7-3　系统的能量衡算和㶲衡算

物流与编号	制冷剂侧	空气侧
比焓变化／（kJ/kg）	35.7990	−7.2900
比㶲变化／（kJ/kg）	−1.8450	0.0751
过程焓变／（GJ/h）	3.5799	−3.5799
过程㶲变／（GJ/h）	−0.1845	0.0369

C.7.5 评价与分析

（1）㶲损失与㶲效率

根据表 C.7-3 的数据，因为没有热损失，此设备的热效率是 100%。此案例无外部㶲损失，仅有内部㶲损失，为 0.1476 GJ/h，㶲效率仅为 20.00%，表明该过程的热力学代价非常大。制冷剂携入蒸发器的㶲，即过程的支付㶲很大，为 0.1845 GJ/h；进口湿空气与出口冷空气的㶲变，即转化为过程的收益㶲部分却很少，仅有 0.0369 GJ/h。

可以发现，由于此案例无外部㶲损失，仅有内部㶲损失，所以此时普遍㶲效率与目的㶲效率数值相同。

（2）$(1-T_0/T)-\Delta H$ 图分析

基于温度可以计算出 $(1-T_0/T)$ 值，结合换热过程的热负荷 ΔH，可以建立二维的 $(1-T_0/T)-\Delta H$ 图形坐标。进而，借助换热过程 $(1-T_0/T)-\Delta H$ 图的图形化分析可以直观地揭示空调蒸发器内部热量以及㶲的授受关系（参考本书 3.2.2 能量品位）。

基于表 C.7-1、表 C.7-2 和表 C.7-3 的数据，可以绘制出如图 C.7-3 所示的蒸发器的 $(1-T_0/T)-\Delta H$ 图。为了方便绘图表示，将坐标点的 ΔH 值取为负值。首先，可以根据换热过程变化的起点与终点坐标 $[\Delta H, (1-T_0/T)]$，在该图上绘制过程线。图中，纵坐标 $(1-T_0/T)$ 以 25 ℃（环境参考态温度）为原点，向上或向下分别表示环境温度以上或环境温度以下的状态与过程。例如，从空气进口的 [0，0.01] 到出口的 [3.5799，−0.0311]，可画出斜向右下方的空气冷却过程线 A。对应地，$(1-T_0/T)$ 值为 −0.0515 的水平直线 R 是制冷剂的供冷过程线。过程线 A 与过程线 R 对应，两者相同的横坐标表示它们之间的热负荷相等，均为 3.5799 GJ/h。此外，纵坐标 $(1-T_0/T)$ 与横坐标 ΔH 的数值乘积等于㶲值变化。所以图中过程线与环境坐标直线所围的面积表示该过程的㶲值。

图 C.7-3 中，过程线 R 与环境坐标直线所围的面积（向上）为供冷过程供给的㶲（过程支付㶲）。因过程线 A "跨越" 环境坐标直线而被分成了两段：A-1 和 A-2，分别处于其温度高于和低于 25 ℃ 的区域。从空气的进口状态 [0，0.01] 开始，在 A-1 阶段，空气表现为㶲的供给侧，A-1 线与环境坐标直线所围的面积（向下）为空气冷却过程排向环境的㶲；在接下来的 A-2 阶段，空气转变为㶲的接受侧，制冷剂为㶲的供给侧。空气获得的㶲量为 A-2 段线与环境坐标直线所围的面积（向上）与 A-1 段线与环境坐标直线所围的面积之差。

两条过程线，即 R 线与 A 线之间的面积则为过程的㶲损失。对应上述分析，图 C.7-3 中同时给出了数值与图形的表示。无论是从 Refprop 的数值解还是根据

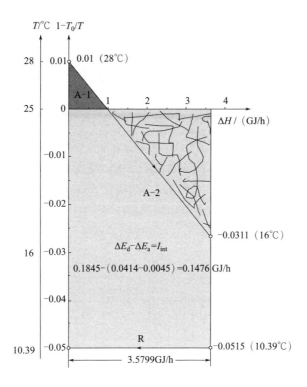

图 C.7-3 蒸发器的 $(1-T_0/T)$-ΔH 图

$(1-T_0/T)$-ΔH 图的数值积分（需用空气质量流量和根据 Refprop 查取的空气比热容数据），都可以得到相同的结论。

从图 C.7-3 的分析可知，热的授受关系比较清晰、简单，空气的冷却过程是热的供给侧，制冷剂的蒸发过程是热的接受侧，两者负荷相等。

然而，㶲的授受关系却复杂得多。其中，制冷剂的蒸发过程始终作为㶲的供给侧，然而空气的冷却过程却有"角色切换"。除了上述分析，实际上在 A-1 阶段，不仅空气侧向环境排弃㶲，制冷剂侧也在向环境排弃㶲，环境才是㶲的接受侧，而这个排出㶲是以㶲损失的形式完成的，"环境"并未出现在实际中，是虚拟的。

㶲衡算与能量（焓）衡算最大区别在于㶲衡算存在㶲损失，而㶲损失看不见、摸不着，不可感知。然而它却是所有自发过程的推动力，缺它不可，是过程得以进行的主宰。欲实现一个小变量的非自发过程（目的）往往需要一个大变量的自发过程伴随。就像一个大胖子从高处跳到跷跷板的一头，会使非自发过程另一头的砖块弹起，弹到高一些的位置。在这个案例中，为了使空气温度（包括湿度）下降，制冷剂蒸发过程支付的㶲绝大部分被消耗于过程热力学代价。

C.8 建筑暖通空调系统㶲分析

C.8.1 确定对象系统

本例选取某典型办公建筑内的暖通空调系统，整个系统安装在一栋约 5000 m² 的 7 层建筑内，一套空气源冷热水机组置于楼顶，通过与各层的风机盘管连接送风。作为分析示意，简要表示该系统如图 C.8-1。其 3 个构成部分分别为风冷热泵机组子系统、水运输子系统（水泵）、风机盘管子系统（包括室内送风）。

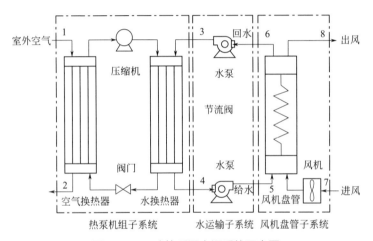

图 C.8-1 建筑暖通空调系统示意图

本例选暖通空调系冬天采暖季的供暖热负荷为 40 MWh，夏天空调季供冷负荷为 260 MWh，系统的部分运行参数如表 C.8-1 所示。

表 C.8-1 暖通空调系统的主要运行参数

子系统	参数	采暖季工况	空调季工况
①热泵机组子系统	室外空气温度 /℃	9	27
	给水 / 回水温度 /℃	55/45	7/12
	热损失率 /%	4	4
②水运输子系统	给水 / 回水温度 /℃	55/45	7/12
	热损失率 /%	7	4
③风机盘管子系统	进风 / 出风温度 /℃	15/25	30/25
	热损失率 /%	5	5

C.8.2 明确环境参考态的选择

本案例采用 GB/T 14909—2021 的环境参考态计算物流热物性。

C.8.3 说明计算依据

① 各过程水和空气热（或冷）的㶲值均采用 GB/T 14909—2021 中的公式（A.2）计算。其中，水的比热容设为定值 4.18 kJ/（kg·K），空气的比热容设为定值 1.0 kJ/（kg·K）。

② 针对图 C.8-1 的 3 个子系统以及整个系统，分别采用 GB/T 14909—2021 的公式（3）进行㶲衡算，并分别采用公式（5）和公式（7）计算目的㶲效率和局部㶲损失率等数据。

C.8.4 能量衡算与㶲衡算

（1）能量衡算

根据本案例的基础数据，可计算出 3 个子系统与整个系统在采暖季（供热）与空调季（供冷）的能量衡算结果，如表 C.8-2 所示。表中空调季有几个数值符号为负，若此值处于"输入"项，表示该负荷是"离开"系统；若此值处于"输出"项，则表示该负荷是"进入"系统。可知，各个子系统采暖季与空调季输入与输出的能量相等。

表 C.8-2 采暖季与空调季的能量衡算

项目	采暖季		空调季	
	输入	输出	输入	输出
①热泵机组子系统		41.94		−260.62
压缩机耗电/MWh	20.8	—	144.79	—
机组辅助耗电/MWh	0.58	—	3.62	—
空气换热器热负荷/MWh	22.30	—	−419.89	—
热、冷损失/MWh	—	1.74	—	−10.86
②水运输子系统		39.29		−248.33
水泵耗电/MWh	0.31	—	1.94	—
水换热器热、冷负荷/MWh	41.94	—	−260.62	—
热、冷损失/MWh	—	2.96	—	−10.35
风机盘管子系统		37.72		−233.41
③机组送风耗电/MWh	0.42	—	2.64	—
风机盘管热、冷负荷/MWh	39.29	—	−248.33	—
热、冷损失/MWh	—	1.99	—	−12.28

(2) 㶲衡算

根据本案例的基础数据，可计算出 3 个子系统与整个系统在采暖季（供热）与空调季（供冷）的㶲衡算结果，如表 C.8-3 所示。其中，各个子系统的内部㶲损失基于其㶲衡算获得；各个子系统采暖季与空调季的输入与输出相等。

表 C.8-3　采暖季与空调季的㶲衡算

项目	采暖季		空调季	
	输入	输出	输入	输出
①热泵机组子系统		4.19		15.88
压缩机耗电 /MWh	20.80	—	144.79	—
机组辅助耗电 /MWh	0.58	—	3.62	—
空气换热器㶲负荷 /MWh	4.50	—	0.49	—
内部㶲损失 /MWh	—	21.52	—	132.39
外部㶲损失 /MWh	—	0.17	—	0.64
局部㶲损失率 /%	86.41		89.51	
局部㶲损失系数 /%	62.29		72.04	
目的㶲效率 /%	16.19	—	10.66	—
②水运输子系统		4.02		15.30
水泵耗电 /MWh	0.31	—	1.94	—
水换热器㶲负荷 /MWh	4.19	—	15.88	—
内部㶲损失 /MWh	—	0.30	—	1.81
外部㶲损失 /MWh	—	0.18	—	0.71
局部㶲损失率 /%	1.91		1.70	
局部㶲损失系数 /%	1.38		1.36	
目的㶲效率 /%	89.33	—	85.86	—
③风机盘管子系统		1.51		4.87
机组送风耗电 /MWh	0.42	—	2.64	—
风机盘管㶲负荷 /MWh	4.02	—	15.30	—
内部㶲损失 /MWh	—	2.71	—	12.17
外部㶲损失 /MWh	—	0.22	—	0.90
局部㶲损失率 /%	11.67		8.79	
局部㶲损失系数 /%	8.42		7.08	
目的㶲效率 /%	34.01	—	27.15	—

C.8.5　评价与分析

（1）㶲效率

尽管基于表 C.8-2 可以得到整个系统在采暖季与空调季运行时的 *COP* 值

1.71 和 1.53。可是，由表 C.8-3 计算得出系统在两个季节运行时的㶲效率分别为 27.92% 和 19.52%，表明系统的能量转换效率非常低。基本原因在于系统的能量转换目的极端，要求消耗高品位的电，制取产品物质品位极低（几乎接近环境水平）的空调冷、暖风。例如由表 C.8-3 可见，在空调季运行时，系统输入了152.99 MWh 电能（三个子系统合计），但输出空调风中的㶲却仅有 15.88 MWh，80.48% 被消耗于克服这一能量转换过程的内部不可逆性。

另外，三个子系统在采暖季与空调季的目的㶲效率分别为 16.19% 和 10.66%、89.33% 和 85.86%、34.01% 和 27.15%，表明热泵机组子系统的能量转换效率很低。

（2）㶲损失分布

表 C.8-3 中 3 个子系统局部㶲损失率揭示了㶲损失在系统中的分布情况。热泵机组子系统占系统㶲损失的绝大部分，两个季节的局部㶲损失率分别为86.41% 和 89.51%，风机盘管子系统则占 11.67% 和 8.79%，而水运输子系统的局部㶲损失率不足 2%。因为绝大部分电能消耗在热泵机组子系统，两个季节的电耗分别占系统总电耗 96.70% 和 97.01%，而后两个子系统只作热能传输。可以看到，风机盘管子系统的㶲损失占比也不小。

对应地，表 C.8-3 中 3 个子系统局部㶲损失系数则描述了系统总的输入㶲在各个子系统的㶲损失分布情况。大致情况与局部㶲损失率基本相似，只是数值略小一些。3 个子系统的局部㶲损失率加起来等于 100%，而 3 个子系统的局部㶲损失系数之和与 100% 的差值等于系统的㶲效率。例如，采暖季的局部㶲损失系数之和为 72.09%，则采暖季系统的㶲效率为 27.92%。

（3）改进机会与节能措施考虑

根据上述分析可以给出如下一些节能改进的考虑：

① 本案例系统采用的是空气源，如果可能采用水源或地源，热泵机组高温热源与低温热源的温差可以大幅度减小，有益于减小系统运行的热力学代价。

② 从㶲损失分布的分析可明显看到，同样是热、冷负荷的传输，风机盘管子系统的㶲损失是水运输子系统的 4 ~ 5 倍，前者的㶲效率为后者的近三分之一。原因主要是风机盘管子系统的传热过程不可逆性比较大，需要采用换热新技术，以改善风机盘管子系统传热过程的热力学完善度。

③ 另外，尽管系统的㶲损失几乎主要都是内部㶲损失，但是外部㶲损失也不容忽视，特别是水运输子系统。通过采用先进材料与技术做好设备与管路的保温，它们可以被大幅度减少。

C.9 能量集成与㶲分析：芳烃分离系统

C.9.1 确定对象系统

本案例为示意于图 C.9-1 的甲苯与混合二甲苯（邻位二甲苯、间位二甲苯和对位二甲苯的混合物）的分离系统。在该系统工艺流程中，甲苯与混合二甲苯原料（S1）经原料预热器（E1）升温后进入精馏塔（E2），在精馏塔再沸器（E2-R）与精馏塔冷凝器（E2-C）的作用下，在塔内自上而下形成甲苯与混合二甲苯的浓度梯度。最终，塔顶分离出轻组分甲苯浓度较高的产品（S3），经甲苯冷却器（E3）降温离开系统；塔釜分离出重组分混合二甲苯浓度较高的产品（S5），经二甲苯冷却器（E4）降温离开系统。该系统物流参数和单元设备的公用工程温度（加热与冷却）与负荷示于表 C.9-1 和表 C.9-2。

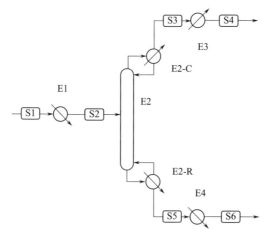

图 C.9-1 芳烃分离系统流程示意图

表 C.9-1 芳烃分离系统的物流参数

项目	原料 S1	原料 S2	甲苯 S3	甲苯 S4	二甲苯 S5	二甲苯 S6
温度 /℃	25	145	138.57	50	165.52	50
压力 /MPa	0.2	0.2	0.2	0.2	0.2	0.2
质量流量 / (kmol/h)	100	100	40	40	60	60
摩尔分数						
甲苯	0.4	0.4	0.987	0.987	0.009	0.009
混合二甲苯	0.6	0.6	0.013	0.013	0.991	0.991

表 C.9-2　单元设备操作参数与公用工程负荷

设备号	单元设备名称	公用工程温度 /℃	加热负荷 / (GJ/h)	冷却负荷 / (GJ/h)
E1	原料预热器	170	2.237	—
E2-R	精馏塔再沸器	200	5.477	—
E2-C	精馏塔冷凝器	40	—	3.9672
E3	甲苯冷却器	40	—	1.891
E4	二甲苯冷却器	40	—	1.442

C.9.2　明确环境参考态

本例采用 GB/T 14909—2021 的环境参考态计算物流热物性进行㶲分析。

C.9.3　说明计算依据

① 忽略设备与管路的热损失；

② 忽略流体输送的阻力，省略流程泵；

③ 采用软件 Exergy Calculator® 计算所需的物流热物性数据。

C.9.4　能量衡算和㶲衡算

（1）物流的焓值与㶲值的计算

整理表 C.9-1 的数据，输入 Exergy Calculator 软件，可以计算得到如表 C.9-3 所示的各物流的焓值、㶲值和物质品位。

表 C.9-3　物流的焓值、㶲值和物质品位

项目	原料 S1	原料 S2	甲苯 S3	甲苯 S4	二甲苯 S5	二甲苯 S6
焓值 / (GJ/h)	438.511	440.751	162.192	160.300	280.052	278.612
㶲值 / (GJ/h)	431.227	431.599	157.948	157.480	274.214	273.902

（2）能量衡算和㶲衡算

基于表 C.9-3，并结合表 C.9-2 的数据，可以整理出表 C.9-4 单元设备供给侧与接受侧的能量衡算结果，同时可以计算出相应设备操作温度与公用工程温度的 $(1-T_0/T)$ 值，以备后续分析。

表 C.9-4　单元设备供给侧与接受侧的能量衡算

设备号	单元设备名称	供给侧焓变 / (GJ/h)	接受侧焓变 / (GJ/h)	$1-T_0/T$（物流温度或公用工程温度 /℃）		
				进口	出口	公用工程
E1	原料预热器	2.240	2.240	0.077 (50)	0.287 (145)	0.327 (170)

设备号	单元设备名称	供给侧焓变 /（GJ/h）	接受侧焓变 /（GJ/h）	$1-T_0/T$（物流温度或公用工程温度 /℃）		
				进口	出口	公用工程
E2-R	精馏塔再沸器	5.477	5.477	0.320 (165.52)	0.320 (165.52)	0.370 (200)
E2-C	精馏塔冷凝器	3.967	3.967	0.276 (138.57)	0.276 (138.57)	0.048 (40)
E3	甲苯冷却器	1.892	1.892	0.276 (138.57)	0.077 (50)	0.048 (40)
E4	二甲苯冷却器	1.440	1.440	0.320 (165.52)	0.077 (50)	0.048 (40)

类似地，基于表 C.9-3 和表 C.9-2 的数据，可以整理出表 C.9-5 单元设备供给侧与接受侧的㶲衡算结果。其中，公用工程加热负荷或冷却负荷的㶲，是根据标准的附录 A.1 的公式和表 C.9-4 公用工程温度的 $(1-T_0/T)$ 值计算的。同时可以计算出相应设备的内部㶲损失、㶲损失分布和目的㶲效率。

表 C.9-5　单元设备供给侧与接受侧的㶲衡算

设备号	单元设备名称	供给侧㶲变 /（GJ/h）	接受侧㶲变 /（GJ/h）	内部㶲损失 /（GJ/h）	㶲损失分布 /%	目的㶲效率 /%
E1	原料预热器	0.733	0.372	0.361	16.73	50.75
E2-R	精馏塔再沸器	2.026	1.755	0.271	12.58	86.61
E2-C	精馏塔冷凝器	1.094	0.190	0.904	41.92	17.37
E3	甲苯冷却器	0.468	0.091	0.377	17.49	19.37
E4	二甲苯冷却器	0.312	0.069	0.243	11.27	22.10

（3）㶲损失、㶲效率和㶲损失分布

由于本案例忽略了单元设备的外部热损失，各个设备没有外部㶲损失。因此，表 C.9-5 仅给出各单元设备的内部㶲损失。分析表 C.9-5 中的内部㶲损失、㶲损失分布和㶲效率数值可以发现，该系统精馏塔冷凝器（E2-C）的㶲损失很大，占比达到 41.92%，而其他 4 个单元设备，从二甲苯冷却器（E4）的 11.27%，到原料预热器（E1）的损失差异并不很大，表明改进机会在于优化以精馏塔冷凝器为主的用能。另外可以看到表 C.9-4 中的过程品位数据，该设备的进、出口（$1-T_0/T$）值都是 0.276 而公用工程是 0.048，表明品位不匹配。从而需要基于梯级用能，改善品位匹配问题。

C.9.5　热集成原理与方法——"夹点技术"

20 世纪 70 年代末，英国 ICI(ImperiaI Chemical Industries p.l.c) 的 Bodo Linnhoff

和日本千代田化工建设公司的梅田富雄及其同事几乎在同一时期，以类似的（但的确也是不同的）表述提出一种"实质相同的"优化设计换热网络系统的方法。又经过多年逐步发展，形成了今天的过程能量系统综合技术方法论，即**夹点技术**（pinch technology）。采用夹点技术进行设计，通常要比传统方法节能30%以上；将其应用于装置节能改造，亦能获得显著的效益。此后逐渐引起国际上大型企业和公司的关注与应用，在相当范围内形成了进一步研究与应用快速发展的趋势。例如，夹点技术的应用不仅局限在换热网络系统，而且拓展到用能、用水状况等场合的系统问题诊断及改进制约因素分析等方面。

限于本书条件，结合案例这里仅就其原理和方法作一般介绍，如有需要可以参阅更多文献（Ian C K, 2010）。

（1）$(1-T_0/T)-\Delta H$ 图

表 C.9-4 给出了各个单元设备供给侧和接受侧的焓变，以及物流温度与公用工程温度的 $(1-T_0/T)$ 值，利用原料预热器（E1）的数值可以绘制出如图 C.9-2 的 $(1-T_0/T)-\Delta H$ 图。图中，上面的过程线表示了 170 ℃热公用工程（加热介质）的放热过程，下面的过程线表示了原料从 50 ℃被加热到 145 ℃的过程。显然，前

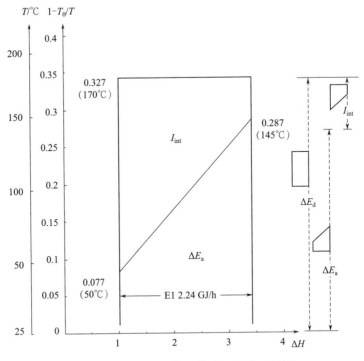

图 C.9-2　原料预热器的 $(1-T_0/T)-\Delta H$ 图

者是㶲供给侧,后者是㶲接受侧。该图的纵坐标 $(1-T_0/T)$ 从 25 ℃ (环境参考态温度)开始计量,所以图中过程线与横坐标所围的面积即过程的㶲变。因为纵坐标 $(1-T_0/T)$ 与横坐标 ΔH 的数值乘积等于㶲值变化。这里,右侧三条线段的长度仅示意三个面积的范围,即㶲供给侧过程线下的面积表示热公用工程供给的㶲,㶲接受侧过程线下的面积对应地表示原料被加热过程接受的㶲,其差值表示的是该换热过程的内部㶲损失。

(2)复合曲线

类似地,可以绘制出如图 C.9-3 甲苯冷却器(E3)和二甲苯冷却器(E4)的 $(1-T_0/T)$-ΔH 图。图 C.9-3(a)表示的是两条独立的热过程曲线(A 和 B),而图 C.9-3(b)表示的(A+B)则是一条经过合成的**复合曲线**(composite curve)。这里的 A 和 B 为热物流,可称此线为热复合曲线。如果曲线是由冷物流合成的,则称之为冷复合曲线。

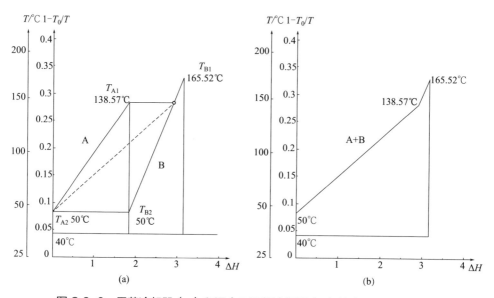

图 C.9-3　甲苯冷却器(a)和混合二甲苯冷却器(b)的 $(1-T_0/T)$-ΔH 图

如图 C.9-3(a)所示的原理,如果两个物流 A 和 B 被冷却,有 $T_{B1} \geqslant T_{A1}$ 和 $T_{B2} \geqslant T_{A2}$,则 $[T_{A1}, T_{B2}]$ 为 A、B 冷却的相同温区,这里有 $T_{B1}=T_{A1}$。由于相同温度 T 下具有相同的 $(1-T_0/T)$ 值,所以温度相同的物流作理想混合时总的㶲值几乎没有变化:

$$\sum \Delta E_q \approx \Delta E_{q,A} + \Delta E_{q,B} \tag{C.9-1}$$

这里有 $T_{B1}=T_{A1}=323.15$ K(50 ℃),故进一步表示为:

$$\int_{T_{A2}}^{T_{B1}} \left(m_A C_{p,A} + m_B C_{p,B} \right) \left(1 - \frac{T_0}{T} \right) dT \approx \int_{T_{A2}}^{T_{A1}} \left(m_A C_{p,A} \right) \left(1 - \frac{T_0}{T} \right) dT + \int_{T_{B2}}^{T_{B1}} \left(m_B C_{p,B} \right) \left(1 - \frac{T_0}{T} \right) dT$$

即两条过程曲线同温度区间内的热复合曲线［图C.9-3（b）的A+B线］下的面积大致等于物流A和B过程曲线［图C.9-3（a）的A线和B线］下的面积之和。

（3）换热系统的热集成

移植图C.9-3（b）的热复合曲线，并完整表达甲苯冷却器（E3）、二甲苯冷却器（E4）和原料预热器（E1）的换热过程，即物流与公用工程的换热过程，可以绘制出图C.9-4（a）的 $(1-T_0/T)$-ΔH 图。其中，为了适合讨论将E1物流的出口温度调整为160 ℃。图C.9-4描述了换热系统热集成的三个基本形态。

基础形态　图C.9-4（a）：以冷公用工程冷却产物以及热公用工程加热原料为工艺操作目标，热复合曲线由水平段（170 ℃的热公用工程放热）和折线段（165.52 ℃下降至138.57 ℃，最后下降到50 ℃放热）组成；冷复合曲线由水平段（40 ℃的冷公用工程吸热）和斜线段（50 ℃上升至160 ℃吸热）组成。此形态下，公用工程消耗最多，为 $Q_{H,max}$ 和 $Q_{C,max}$；㶲损失最多，为 $I_{int,max}$；回收热 $\Delta H = 0$。比较图C.9-4（a）两条热复合曲线 $(1-T_0/T)$ 数值的相对位置，两者之间明显隐含着一个"高低重叠"区间，即在此区间内热复合曲线的温度高于冷复合曲线的温度，意味着有一部分工艺排热可以回收。

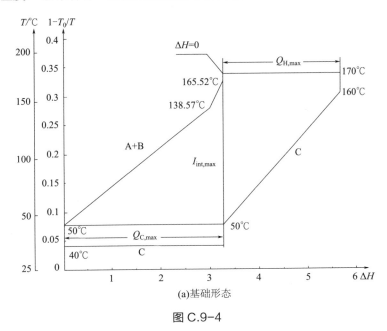

图C.9-4

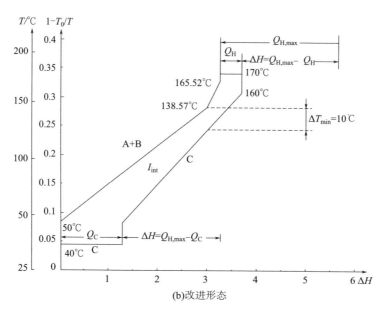

(b)改进形态

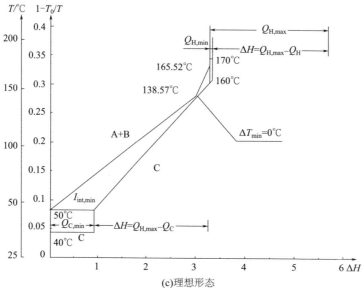

(c)理想形态

图 C.9-4　甲苯冷却器和二甲苯冷却器的 $(1-T_0/T)-\Delta H$ 图

　　改进形态　图 C.9-4（b）：平行向左移动被加热原料的 $(1-T_0/T)$ 加热曲线，因产生了一部分回收热 ΔH，其值同时等于热公用工程与冷公用工程的减少量，即 $\Delta H=Q_{H,max}-Q_H$ 或 $\Delta H=Q_{C,max}-Q_C$。同时，㶲损失减少为 I_{int}。

　　理想形态（夹点形态）　图 C.9-4(c)：在图 C.9-4（b）的基础上，进一步

㶲分析的概念与方法
GB/T 14909—2021《能量系统㶲分析技术导则》解读

平行向左移动被加热原料的 $(1-T_0/T)$ 加热曲线，直至"几乎触及"被冷却产物的热复合曲线。曲线相触意味着过程的传热温差 ΔT_{min} 为零，该点称为夹点（pinch point），系统达到了回收热最大的极限状态即 ΔH_{max}。此时公用工程消耗最少，为 $Q_{H,min}$ 和 $Q_{C,min}$；㶲损失最少，为 $I_{int,min}$。这是系统在当前工艺条件下的节能极限，如果想进一步改进，唯有改变系统的工艺条件。

显然，热集成的夹点形态是理想的，实际无法实现。夹点温差在实际中的可行范围受热集成对象系统的技术经济条件限定，由此也决定了系统热集成的适宜目标——适宜的公用工程消耗和热力学完善性（某种程度的内部㶲损失）。回顾改进形态中的夹点温差 ΔT_{min}，其数值在实际系统中的调整与确定就隐含着多方面技术的和经济的影响因素。

综上可知，所谓换热系统的热集成就是在各种条件允许的情况下，合理匹配热物流和冷物流，提高系统的热回收能力，尽可能地减少公用工程加热和冷却负荷。热集成是系统能量集成的一种方法。

C.9.6　芳烃系统的热集成

（1）原系统的 $(1-T_0/T)$-ΔH 图

根据表 C.9-4 的数据，可以绘制出如图 C.9-5（a）所示的原系统 $(1-T_0/T)$-ΔH 图，按照上述方法，可以将图中的部分过程转化为图 C.9-5（b）所示的热复合曲线。

分析图 C.9-5（b）的热复合曲线可以看到，此时系统处于热集成的"基础形态"。

① 热公用工程消耗最多为 $Q_{H,max}$：200 ℃热公用工程为 5.477 GJ/h（精馏塔再沸器 E2-R 负荷）和 170 ℃热公用工程为 2.24 GJ/h（原料预热器 E1 负荷）。

② 冷公用工程消耗最多为 $Q_{C,max}$：40 ℃冷公用工程为 7.299 GJ/h（分别为甲苯冷却器 E3、二甲苯冷却器 E4 和精馏塔冷凝器 E2-C 的负荷）。

③ 回收热 $\Delta H=0$。

④ 系统的㶲损失最多：为 2.156 GJ/h。

（2）改进机会与节能措施考虑

首先需要确认，右边热复合曲线 170 ℃处与冷复合曲线 165.52 ℃处并非夹点，只表示衔接处。

比较和分析图 C.9-5（b）两条热复合曲线的相对高低位置与热负荷大小，可以做如下一些节能改进的尝试：

① **调整换热网络，增设换热器**　可以考虑尽量回收 E3、E4 和 E2-C 的排热，供给 E1 加热之用，以减少 170 ℃热公用工程消耗。从㶲分析的角度认识，

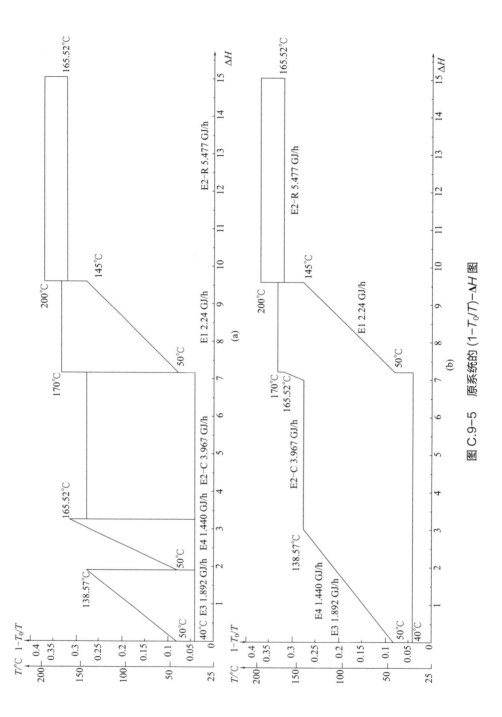

图 C.9-5　原系统的 $(1-T_0/T)-\Delta H$ 图

焓分析的概念与方法
GB/T 14909—2021《能量系统焓分析技术导则》解读

E3、E4 和 E2-C 的排热本来是排弃于环境的"废弃"热，造成系统的外部㶲损失。所以，它是一项减少外部㶲损失的措施，只是这里没有把外部㶲损失计入分析。当然，该措施也将大幅度减少内部㶲损失。

② **增设精馏塔中间再沸器** 通常，精馏塔所需的热一次性从塔釜的再沸器输入，而排出的热又一次性从塔顶的冷凝器输出，因此造成了精馏过程内部不可逆。理论上，如果热沿提馏段以无限多个再沸器和沿程温度输入，冷沿精馏段以无限多个冷凝器和沿程温度输出，则可以形成可逆精馏。从图 C.9-5 可以看到，200 ℃热公用工程加热 E2-R 的过程导致精馏塔产生较大的内部㶲损失。可以考虑采用中间再沸器，代替 200 ℃热公用工程加热 E2-R 的提馏段。这样，既可以减少 200 ℃热公用工程消耗，又可以减少精馏塔的内部㶲损失。

（3）热集成的芳烃系统

采用类似图 C.9-4 描述的方法，对 $(1-T_0/T)$-ΔH 图逐一（先是向左平移，然后调整精馏塔中间再沸器的设置）实施上述节能措施，可以形成图 C.9-6 的结果和图 C.9-7 的热集成芳烃系统流程。

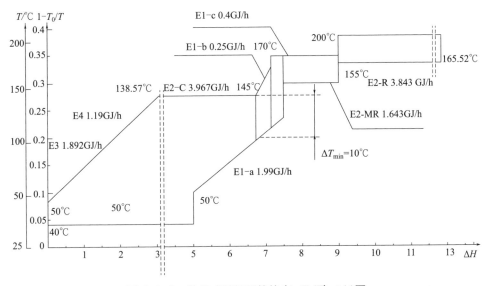

图 C.9-6 热集成芳烃系统的 $(1-T_0/T)$-ΔH 图

分析图 C.9-6 的热复合曲线可以看到，此时系统处于热集成的"改进形态"。

① 热公用工程消耗 Q_H 减少：200 ℃热公用工程为 3.843 GJ/h（精馏塔再沸器 E2-R 负荷），减少了 29.83%。170 ℃热公用工程为 2.043 GJ/h（分别为原料预热器 E1 和精馏塔中间再沸器的负荷），减少了 8.80%。

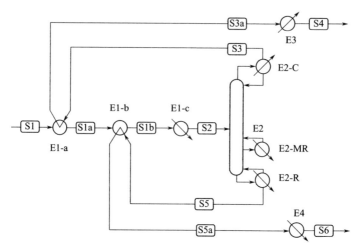

图 C.9-7　热集成芳烃系统的流程示意图

② 冷公用工程消耗 Q_C 也减少：40 ℃冷公用工程 7.047 GJ/h（包括甲苯冷却器 E3、二甲苯冷却器 E4 和精馏塔冷凝器 E2-C 的负荷），减少了 3.43%。

③ 回收热 ΔH 达到 2.24 GJ/h。

④ 㶲损失大幅度减少：为 1.2 GJ/h，减少了 44.34%，即系统的㶲效率从原来的 21.86% 大幅度提高到了 38.74%。表 C.9-6 具体列出了各个单元设备的改进程度。可以看到，原料预热器和精馏塔冷凝器的㶲损失下降幅度最大，分别为 72.56% 和 50.15%，与热集成的图示结果是一致的。

表 C.9-6　热集成芳烃系统的㶲衡算与㶲损失变化

设备号	单元设备名称	供给侧㶲变 /（GJ/h）	接受侧㶲变 /（GJ/h）	内部㶲损失 /（GJ/h）	设备合计 /（GJ/h）	相对减少程度 /%
E1-a	原料预热器	0.549	0.510	0.039	0.099	72.56
E1-b	原料预热器	0.010	0.002	0.008	—	—
E1-c	原料预热器	0.131	0.078	0.053	—	—
E2-R	精馏塔再沸器	1.421	1.231	0.190	0.229	15.47
E2-MR	精馏塔中间再沸器	0.538	0.499	0.039	—	—
E2-C	精馏塔冷凝器	0.545	0.095	0.451	0.451	50.15
E3	甲苯冷却器	0.349	0.091	0.259	0.259	31.40
E4	二甲苯冷却器	0.220	0.057	0.163	0.163	33.06
	合计	—	—	1.200	1.200	44.34

C.10 㶲经济分析：水泥窑余热发电系统

C.10.1 㶲经济分析方法论

C.10.1.1 概述

㶲经济分析（exergoeconomic analysis）或**㶲经济学**（exergoeconomics）又被称为热经济分析或热经济学。它是 20 世纪 70 年代以来兴起的一门学科，以探讨能量利用的合理性、系统运行的经济性、工程方案的可行性以及系统优化等问题为目标，是一种将热力学、经济学和系统工程学结合起来的工程分析方法论（Tsatsaronis G, 1985）。

㶲分析总是力图提高用能单元或系统的热力学完善度，希望㶲损失尽可能少，结果必然导致系统的构成复杂与庞大，以致人们在实施㶲分析时发现"节能未必省钱"。也就是说，从㶲分析角度看是合理的，但经济上却未必合适，甚至得不偿失。另外，热力学认为，㶲是衡量各种能量的统一尺度，具有可比性。但是，基于经济学的认识却是，不同形态能量所具有的单位㶲的价值并不相等。例如，单位电与单位天然气所含有的㶲不等价，获得单位电的㶲要付出更多费用，要消耗更多的㶲。类似的认识是，在一个工艺加工流程中，处于不同阶段的㶲流流股，其单位㶲也不等价，因为它们之间存在加工深度的差异，即费用支出与能源消耗的差异。

㶲经济分析给出了解决这个问题的可行方法，它将㶲分析与经济分析有效结合，对物理量㶲赋以价值，令其价值化——使用㶲成本法的原理将货币成本分配给所有的能量流以及用能系统每个组成单元发生的㶲损失。这样一来，㶲作为能量计价的基准，通过能量的正确计价定量地反映出㶲流与经济流之间的关系，投资费用与㶲耗费（操作费）协调地得到统一。㶲经济分析可被视为㶲辅助成本降低方法，分析、评价以及反复权衡用能单元或系统的㶲损失和投资成本，所获得的重要信息可以使节能措施落到实处。

C.10.1.2 经济学的基本术语与概念
（1）投资和成本

通常所说的投资即一次投资或初始投资，是指为实现技术方案所花费的资金，包括固定资产投资和流动资金。固定资产的特点是能长期使用而不改变其实物形态。流动资金是指用于购买原料、燃料和动力以及支付工资等各项生产费用的投资，其特点是随着生产过程和流通的持续进行由一种形态转变为另一种形态。

产品成本是生产一种产品所耗费劳动的货币表现，实质上是产品生产过程中物化劳动与劳动消耗的价值补偿。通常，产品成本包括：原材料、燃料和动力、工资和工资附加、废品损失、装置和车间经费（生产共同费用、维修保养、机器设备与厂房折旧等）、产品销售与流通等。

（2）年度化成本

在各项成本中，有些只与初始时期的投资有关，而有些则与生产启动后一段时期内的经费有关。另外，其中有些每年都相同，而有些则随年度而变化。因此在比较各种不同技术方案时，通常要将各种成本等额地折合到每一年内，也就是将成本按资产使用年限逐年均摊。这种被均摊了的成本称为年度化成本。显然，年度化成本的总和应等于总成本。

（3）利率——资金的时间价值

资金与时间密切相关。例如，资金存入银行期间，其所有者将失去该资金的使用权力，按存款时间长短计算的代价即为资金的时间价值。或者，资金用于项目投资期间，经过运作资金得以增值，按投资时间长短计算的效益亦可视为资金的时间价值。通常，利息被用作表述资金的时间价值。

利息的大小用利率表示。利率是经过一定期限后所获得的利息额度与本金之比，通常用百分比表示。利率的时间单位有年、月和日等，除了特别注明以外，一般指的是年利率。

（4）投资回收系数

对于一次性的投资，在投资年限为 n，年利率为 i 时，每年终复利偿还数额 A 与投资额 P 之比值被定义为**投资回收系数**（capital recovery factor），其公式为：

$$CRF(i,n) = \frac{A}{P} = \frac{i}{1-(1+i)^{-n}} \tag{C.10-1}$$

式中，i 和 n 分别为年利率和装置的运行年限。对于给定的年限 n，$CRF(i,n)$ 将随年利率 i 提高而增长；对于给定的年利率，$CRF(i,n)$ 将随年限延迟而降低。当年限较长时，$CRF(i,n)$ 与年限的关系较小，主要取决于年利率。

C.10.1.3　㶲经济分析模型与㶲单价

（1）㶲经济分析模型

图 C.10-1 为一个任意用能单元或系统，在其质量衡算、能量衡算与㶲衡算的基础上，进一步建立基于㶲衡算的㶲经济分析模型。

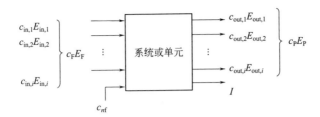

图 C.10-1　任意用能单元或系统的㶲经济分析模型

特别地，这里将其㶲流分成三类："燃料㶲""产品㶲"和"㶲损失"。产品㶲无需多言，㶲损失为内部㶲损失和外部㶲损失之和。这里的燃料㶲是广义的，意指作为该用能单元或系统的代价而"输入"或"消耗"的初始形式的㶲。例如，对于用能系统，燃料㶲指的是燃料和动力等公用工程消耗，甚至包括原料（特别是那些燃料与原料相同的用能单元或系统，比如煤化工系统）；对于相互联系的用能单元（复杂系统中的一个子系统），其燃料㶲即上一个单元的"产品"。

据此，可以写出用能单元或系统的一般化㶲平衡方程：

$$E_F = E_P + I_{int} + I_{ext} \tag{C.10-2}$$

或：

$$E_F = E_P + I \tag{C.10-2a}$$

式中，E_F 和 E_P 为燃料㶲流和产品㶲流，kJ/a；I_{int}、I_{ext} 和 I 分别为内部㶲损失率、外部㶲损失率和系统总㶲损失率，kJ/a。

对应公式（C.10-2a），有成本平衡关系：

$$C_F + C_{nF} = C_P + C_D \tag{C.10-3}$$

式中，C_F、C_P 和 C_D 分别为燃料、产品和㶲损失的年度化成本，CNY/a；C_{nF} 为非燃料投资的年度化成本（装置建设与维护的费用），CNY/a。

进一步对应考虑公式（C.10-2）和公式（C.10-3），将㶲流成本化，则用能单元或系统的㶲成本平衡关系为：

$$c_F E_F + C_{nF} = c_P E_P + c_D I \tag{C.10-4}$$

式中，c_F、c_P 和 c_D 分别为燃料㶲单价、产品㶲单价和㶲损失的**㶲单价**（exergy price），CNY/kJ。

公式（C.10-4）给出的㶲成本平衡关系仅仅是一个基本的、普遍化的形式，具体的用能单元或系统可能具有各种各样的构成，输入与输出的平衡关系将有更多的变化和具体表达。

（2）㶲单价与㶲经济分析的定价策略

产品㶲单价可由公式（C.10-4）推导得出：

$$c_P = \frac{c_F E_F + C_{nF} - c_D I}{E_P} \qquad (C.10\text{-}5)$$

因为用能系统的㶲效率为：

$$\eta = E_P / E_F \qquad (C.10\text{-}6)$$

故公式（C.10-5）又可表示为：

$$c_P = \frac{c_F}{\eta} + \frac{C_{nF}}{E_P} - \frac{c_D I}{E_P} \qquad (C.10\text{-}5a)$$

公式（C.10-5）称为㶲成本方程。它表明，用能系统产品的单位成本必然高于输入燃料的单位成本。因为，系统的㶲效率恒小于 1，而且非燃料成本和系统的㶲损失总是存在的。

公式（C.10-5a）给出了影响产品平均㶲单价的因素。例如，提高系统㶲效率和减小㶲损失，将影响该式右边第一项和第三项。但是，上述措施往往会导致非燃料成本增加，即该式右边第二项会增大。说明系统的节能改进存在经济上的制约。

如同公式（C.10-4）的形式多样性，公式（C.10-5a）也仅仅是㶲成本方程的一种基本形式，结合具体的用能单元或系统和具体的实际情况，产品㶲成本的模型与成本分摊存在更多的客观因素和人为选择，也就是说存在多种可能的㶲经济分析定价策略。当然，适当性与合理性依然是基本判据。

公式（C.10-5a）中的第三项是㶲损失成本对产品㶲单价的贡献。目前，基于不同的研究目的与应用背景，㶲损失计价宜采取两种简化处理的策略：㶲损失单价取燃料㶲单价或者取产品的㶲单价。㶲损失不计价不妥当，因为对㶲损失的探讨是㶲分析的核心内容。在此基础上，描述用能系统产品㶲单价的成本，公式（C.10-5）将有不同的具体形式，即：

$$c_P = \frac{c_F (E_F - I) E_F + C_{nF}}{E_P} \qquad (c_D = c_F) \quad (C.10\text{-}5b)$$

$$c_P = \frac{c_F E_F + C_{nF}}{E_P + I} \qquad (c_D = c_P) \quad (C.10\text{-}5c)$$

此外，在实施㶲经济分析中还时常遇到如何解决燃料（化石燃料或余热等）单价和耗能工质（例如冷却水、压缩空气等公用工程）单价的定价问题。可以理解，不同于㶲分析方法，合理的㶲经济分析定价策略一定程度上影响着最终的评价结论。因此，在客观性、目标导向性等原则指导下，㶲经济分析定价策略的正确选择显然很重要。因为电能全部是㶲，基于电价，结合能源和耗能工质的折标准煤系数去决定分析对象系统的燃料和耗能工质的㶲单价，可能是一个合理的方法。

（3）非燃料成本的计算

在不考虑所得税等因素时，非燃料成本与初始总投资成本有关系：

$$C_{nF} = C_0 \times CRF(i,n) \tag{C.10-7}$$

式中，C_0 为初始总投资成本，CNY/a。使用公式（C.10-7）计算非燃料成本的前提是已知项目初始总投资的年利率 i 和装置的运行年限 n，然后结合式（C.10-1）计算。

C.10.1.4 成本差与㶲经济因子

（1）成本差

一般地，图 C.10-1 亦表示一个任意用能单元 k，其输入侧有 N 个物流成本流 $c_{in,i}E_{in,i}$ 和非燃料成本流 $C_{nF,k}$；输出侧有 M 个物流成本流 $c_{out,i}E_{out,i}$（包括㶲损失形成的成本流）。输入侧和输出侧有㶲平均成本：

$$\bar{c}_{in,k} = \frac{\sum (c_{in,i}E_{in,i})}{\sum (E_{in,i})} \tag{C.10-8}$$

$$\bar{c}_{out,k} = \frac{\sum (c_{out,i}E_{out,i})}{\sum (E_{out,i})} \tag{C.10-9}$$

定义用能单元 k 的**成本差**（cost differential）为该单元输出与输入的㶲平均成本之差：

$$\Delta c_k = \bar{c}_{out,k} - \bar{c}_{in,k} \tag{C.10-10}$$

可见，成本差即㶲流通过该单元的单位经济成本的增加。一个用能单元的成本差越高，说明该单元的能量传递、转换所付出的代价越大。因此，成本差的数值与用能单元的㶲经济性能呈正相关。例如，成本差的数值越高，用能单元的㶲经济性能越差。或者说，在一个用能系统内，成本差数值高的用能单元，应该是优先考虑改进的部位。

（2）㶲经济因子

基于公式（C.10-10）和用能单元 k 的㶲经济衡算关系，可以推导出㶲经济分析的"诊断"参数——**㶲经济因子**（exergoeconomic factor），被定义为：

$$f_k = \frac{C_{nF,k}}{C_{nF,k} + \bar{c}_{out,k}I_k} \tag{C.10-11}$$

借助㶲经济因子，可以分析出用能单元㶲经济性优劣的原因，以指导过程改进。通常认为：如果 k 单元的㶲经济因子过小（$f_k \leqslant 0.3$），说明㶲损失过大，应该考虑适当减小㶲损失来增大㶲经济因子；如果㶲经济因子过大（$f_k \geqslant 0.7$），说明非燃料成本过大，则应适当减小非燃料成本来减小㶲经济因子；当 $0.3 < f_k < 0.7$ 时，则应综合考虑㶲损失及非燃料成本带来的影响，权衡、调整二者参数的利弊。

C.10.2 水泥回转窑余热发电系统流程与参数

本例为某水泥回转窑余热发电系统。如图 C.10-2 所示，该系统主机包括两台余热锅炉、一套凝汽式汽轮发电机组。两台余热锅炉中，用于回收窑头冷却机余风热量的，称为 SP 锅炉；用于回收窑尾预热器出口废气热量的，称为 AQC 锅炉。AQC 锅炉利用后烟气作收尘处理后排向大气，SP 锅炉利用后烟气则要返回水泥窑工艺继续作为干燥热源使用。

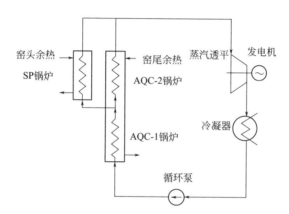

图 C.10-2　水泥窑余热发电系统流程示意图

在该系统中，AQC 锅炉的烟气流量为 26×10^4 m³/h，入口与出口温度分别为 370 ℃和 100 ℃；SP 锅炉的烟气流量为 30×10^4 m³/h，入口与出口温度分别为 320 ℃和 220 ℃。AQC 锅炉分为蒸汽段和热水段：热水段（AQC-1）生产的约 180 ℃的热水作为 AQC 锅炉蒸汽段及 SP 锅炉的给水；蒸汽段（AQC-2）生产约 1.35 MPa、350 ℃的过热蒸汽。SP 锅炉仅设置蒸汽段，生产约 1.35 MPa、300 ℃过热蒸汽。两台余热锅炉蒸汽段生产的过热蒸汽混合后送入蒸汽透平，转换为机械功而带动发电机产生电能。离开透平的乏汽经过冷凝器冷凝，再被循环泵送往 AQC 锅炉。

另外，该系统的年运行时间为 7000 h，运行年限为 30 a。该项目的初期总投资为 5129 万元，设银行贷款利率 7%。表 C.10-1 是该水泥窑余热发电系统各个设备的投资额。

㶲分析的概念与方法
GB/T 14909—2021《能量系统㶲分析技术导则》解读

表 C.10-1　各个设备的投资额

项目	余热锅炉			透平发电	冷凝器	循环泵
	AQC -1	AQC -2	SP			
投资额/×10^4CNY	626	1271	1107	1909	140	76

分成㶲供给侧和㶲接受侧，表 C.10-2 列出了该系统各个设备的㶲衡算数据。据此可知，系统的余热含有的㶲和水泵电耗分别为 58.2526 GJ/h 和 0.0402 GJ/h；系统发电量 15.6914 GJ/h；系统㶲效率为 26.92%。

表 C.10-2　设备的㶲衡算数据

序号	项目	㶲供给侧 / （GJ/h）		㶲接受侧 / （GJ/h）		㶲损失 / （GJ/h）	㶲效率
		输入	输出	输入	输出		
1	AQC -1	5.3659	1.6278	0.0396	2.5706	1.2072	0.6771
2	AQC -2	16.8709	5.3659	1.3444	10.6027	2.2467	0.8047
3	SP	16.2962	6.7833	1.2262	9.1545	1.5845	0.8334
4	发电透平	19.7444	1.3849	—	15.6914	2.6681	0.8547
5	冷凝器	1.3849	0.0115	0.3534	1.3983	0.3285	0.7608
6	循环泵	0.0402	—	0.0115	0.0396	0.0121	0.6986

C.10.3　设备的模型

（1）余热、冷却水和设备㶲损失的定价策略

烟气余热即系统中三台余热锅炉的燃料，也是该系统的燃料。虽然烟气余热是"废弃"热，但本例仍考虑其具有一定"价格"。根据烟气余热在三台余热锅炉的利用工艺，本例有如下设定：

① AQC-1 锅炉热水段与 SP 锅炉进口烟气余热㶲单价为该段余热锅炉产品（过热蒸汽）㶲单价的 1/5；

② AQC-1 锅炉热水段与 SP 锅炉出口的烟气㶲单价与进口相同；

③ AQC-2 出口的烟气㶲单价为零；

④ 冷凝器进口冷却水的㶲单价为冷凝器产品㶲单价的 1/20，出口冷却水的㶲单价为零；

⑤ 㶲损失计价采用简化处理策略，㶲损失单价与对应设备的产品㶲单价相等。

（2）㶲成本平衡关系与㶲单价模型

基于公式（C.10-4），AQC-1 锅炉热水段的㶲成本平衡关系为：

$$c_1 E_1 + c_1^H E_1^H + C_{nF} = c_2 E_2 + c_2^H E_2^H + c_D I_{int} \qquad \text{（C.10-12）}$$

公式中，下标 1 和 2 分别表示进入和离开此单元的物流；上标 H 表示烟气余热。考虑

上述定价策略，进口和出口的烟气㶲单价与产品㶲单价有关系：

$$c_1^H = c_2^H = 0.2c_2$$

而内部㶲损失与产品㶲单价又有关系：

$$c_D = c_2$$

则公式（C.10-12）可表示为：

$$c_1 E_1 + 0.2c_2 E_1^H + C_{nF} = c_2 E_2 + 0.2c_2 E_2^H + c_2 I_{int} \qquad (C.10\text{-}12a)$$

则有锅炉热水段AQC-1的产品㶲单价模型：

$$c_2 = \frac{c_1 E_1 + C_{nF}}{E_2 + 0.2E_2^H + I_{int} - 0.2E_1^H} \qquad (C.10\text{-}12b)$$

类似地，可以写出锅炉热水段 AQC-1、SP 锅炉和发电机透平等各个设备的㶲成本平衡关系和产品㶲单价，并整理汇集于表 C.10-3。表中，发电机透平关系式的下标"E"表示透平发电；冷凝器关系式的上标"C"表示冷却水。

表 C.10-3　各个设备的㶲成本平衡关系和产品㶲单价

序号	项目	㶲成本平衡关系	c_2
1	AQC-1	$c_1 E_1 + 0.2c_2 E_1^H + C_{nF} = c_2 E_2 + 0.2c_2 E_2^H + c_2 I_{int}$	$\dfrac{c_1 E_1 + C_{nF}}{E_2 + 0.2E_2^H + I_{int} - 0.2E_1^H}$
2	AQC-2	$c_1 E_1 + 0.2c_2 E_1^H + C_{nF} = c_2 E_2 + c_2 I_{int}$	$\dfrac{c_1 E_1 + C_{nF}}{E_2 + I_{int} - 0.2E_1^H}$
3	SP	$c_1 E_1 + 0.2c_2 E_1^H + C_{nF} = c_2 E_2 + 0.2c_2 E_2^H + c_2 I_{int}$	$\dfrac{c_1 E_1 + C_{nF}}{E_2 + 0.2E_2^H + I_{int} - 0.2E_1^H}$
4	发电透平	$c_1 E_1 + C_{nF} = c_2 E_2 + c_2 E_E + c_2 I_{int}$	$\dfrac{c_1 E_1 + C_{nF}}{E_2 + E_E + I_{int}}$
5	冷凝器	$c_1 E_1 + 0.05c_2 E_1^C + C_{nF} = c_2 E_2 + c_2 I_{int}$	$\dfrac{c_1 E_1 + C_{nF}}{E_2 + I_{int} - 0.05E_1^C}$
6	循环泵	$c_1 E_1 + c_E E_E + C_{nF} = c_2 E_2 + c_2 I_{int}$	$\dfrac{c_1 E_1 + c_E E_E + C_{nF}}{E_2 + I_{int}}$

（3）成本差和㶲经济因子模型

在公式（C.10-12a）的基础上，根据公式（C.10-8）、公式（C.10-9）和公式（C.10-10），可以写出 AQC-1 的成本差模型：

$$\Delta c = \frac{c_2 \left(E_2 + 0.2E_2^H + I_{int}\right)}{E_2 + E_2^H + I_{int}} - \frac{c_1 E_1 + 0.2c_2 E_1^H}{E_1 + E_1^H} \qquad (C.10\text{-}13)$$

同时，根据公式（C.10-9）和公式（C.10-11），可以写出锅炉热水段 AQC-1 的㶲经济因子模型：

$$f_2 = C_{nF} \bigg/ \left[C_{nF} + \frac{c_2 \left(E_2 + 0.2E_2^H + I_{int}\right)}{E_2 + E_2^H + I_{int}} I_{int} \right] \qquad (C.10\text{-}14)$$

㶲分析的概念与方法
GB/T 14909—2021《能量系统㶲分析技术导则》解读

显然，写出各个设备输入侧和输出侧的㶲平均成本模型，是建立设备成本差模型和㶲经济因子模型的基础。上述方法的模型建立结果汇集如表 C.10-4。据此，仿照公式（C.10-13）和公式（C.10-14），可以很容易地写出各个设备的成本差模型和㶲经济因子模型。

表 C.10-4　各个设备输入侧和输出侧的㶲平均成本模型

序号	项目	$\bar{c}_1$	$\bar{c}_2$
1	AQC-1	$\left(c_1 E_1 + 0.2 c_2 E_1^{\mathrm{H}}\right)/\left(E_1 + E_1^{\mathrm{H}}\right)$	$c_2\left(E_2 + 0.2 E_2^{\mathrm{H}} + I_{\mathrm{int}}\right)/\left(E_2 + E_2^{\mathrm{H}} + I_{\mathrm{int}}\right)$
2	AQC-2	$\left(c_1 E_1 + 0.2 c_2 E_1^{\mathrm{H}}\right)/\left(E_1 + E_1^{\mathrm{H}}\right)$	c_2
3	SP	$\left(c_1 E_1 + 0.2 c_2 E_1^{\mathrm{H}}\right)/\left(E_1 + E_1^{\mathrm{H}}\right)$	$c_2\left(E_2 + 0.2 E_2^{\mathrm{H}} + I_{\mathrm{int}}\right)/\left(E_2 + E_2^{\mathrm{H}} + I_{\mathrm{int}}\right)$
4	发电透平	c_1	c_2
5	冷凝器	$\left(c_1 E_1 + 0.05 c_2 E_1^{\mathrm{C}}\right)/\left(E_1 + E_1^{\mathrm{C}}\right)$	c_2
6	循环泵	$\left(c_1 E_1 + c_{\mathrm{E}} E_{\mathrm{E}}\right)/\left(E_1 + E_{\mathrm{E}}\right)$	c_2

C.10.4　余热发电系统的㶲经济分析

（1）㶲经济分析的计算

已知银行贷款年利率为 7%，装置运行年限为 30a，则可基于公式（C.10-1）计算出投资回收系数：

$$CRF\left(i,n\right) = \frac{i}{1-\left(1+i\right)^{-n}} = \frac{0.07}{1-\left(1+0.07\right)^{-30}} = 0.08059$$

进而，基于公式（C.10-7）和表 C.10-1 各个设备的投资额数据，则可计算出各个设备的非燃料成本，结果见表 C.10-5。

表 C.10-5　各个设备的非燃料成本

项目	AQC-1	AQC-2	SP	发电透平	冷凝器	循环泵
非燃料成本 C_{nF}/(CNY/h)	72.1	146.3	127.4	219.8	16.1	8.7

接下来，基于表 C.10-2、表 C.10-3 和表 C.10-5 的模型和数据，可以列出各个设备的产品㶲单价方程：

$$c_{\mathrm{P}_1} = \frac{0.0396 c_{\mathrm{P}_6} + 72.1}{2.5706 + 0.2 \times 1.6278 + 1.2072 - 0.2 \times 5.3659} = \frac{0.0396 c_{\mathrm{P}_6} + 72.1}{3.0302}$$

$$c_{\mathrm{P}_2} = \frac{1.3444 c_{\mathrm{P}_1} + 146.3}{10.6027 + 2.2467 - 0.2 \times 16.8709} = \frac{1.3444 c_{\mathrm{P}_1} + 146.3}{9.4752}$$

$$c_{P_3} = \frac{1.2262c_{P_1}+127.4}{9.1545+0.2\times6.7833+1.5845-0.2\times16.2962} = \frac{1.2262c_{P_1}+127.4}{8.8364}$$

$$c_{P_4} = \frac{10.6027c_{P_2}+9.1545c_{P_3}+219.8}{1.3849+15.6914+2.6681} = \frac{10.6027c_{P_2}+9.1545c_{P_3}+219.8}{19.7444}$$

$$c_{P_5} = \frac{1.3849c_{P_4}+16.1}{0.0115+0.3285-0.05\times0.3534} = \frac{1.3849c_{P_4}+16.1}{0.3223}$$

$$c_{P_6} = \frac{0.0402c_{P_4}+0.0115c_{P_5}+8.7}{0.0396+0.0121} = \frac{0.0402c_{P_4}+0.0115c_{P_5}+8.7}{0.0517}$$

与表 C.10-3 的公式对应，下标"1"和"2"（分别表示进口与出口）被根据流程的衔接关系而确定的下标"P_i"所代替，P 和 i 分别表示产品和设备序号。同样是考虑流程衔接关系，表 C.10-3 发电透平㶲单价方程中的 c_1E_1 被 $(c_{P_2}E_2+c_{P_3}E_3)$ 代替。联立求解这 6 个线性方程，可以得到各个设备的产品㶲单价。

然后，将各个设备的产品㶲单价代入公式（C.10-13），可以计算出各个设备的成本差 Δc_k。其中，考虑流程衔接关系，表 C.10-4 的发电透平㶲单价方程中的 c_1 被 $(c_{P_2}E_2+c_{P_3}E_3)/(E_2+E_3)$ 代替。最后，再由公式（C.10-14）计算出各个设备的㶲经济因子 $f_{P,k}$。表 C.10-6 汇总了上述计算的结果。

表 C.10-6 设备的㶲经济分析计算结果

序号	设备	$c_{P,k}$/（CNY/GJ）	$\overline{c}_1$/（CNY/GJ）	$\overline{c}_2$/（CNY/GJ）	Δc_k/（CNY/GJ）	$f_{P,k}$
1	AQC-1	26.815	7.017	20.355	13.338	0.746
2	AQC-2	19.245	5.544	19.245	13.701	0.772
3	SP	18.139	5.250	12.521	7.271	0.865
4	发电透平	29.877	18.732	29.877	11.144	0.734
5	冷凝器	178.332	30.907	178.332	147.425	0.216
6	循环泵	231.177	145.310	231.177	85.867	0.757

（2）评价与分析

成本差反映了用能单元或系统中能量传递、转换所付出的代价。由表 C.10-6 可知，余热锅炉的给水进入锅炉的㶲单位成本高于离开锅炉的热水的相应成本以及离开锅炉的过热蒸汽的相应成本，即给水㶲的生产成本相对较高，但利用这种昂贵的㶲，而不是增加锅炉的㶲损失，仍然是有益的。这些因素表明，降低这些部件的㶲损失成本是有益的。冷凝器和循环泵的成本差数值最大，分别达到 147.425 CNY/GJ 和 85.867 CNY/GJ，表明这两个设备的㶲经济性相对差，在可能的情况下需要优先考虑改进。花费额外的资本来减少该部分的㶲损失可能在经济上是有效的。相对地，其他 4 台设备的成本差要小得多，都在两位数以下，SP 甚至达到 7.271 CNY/GJ，说明另外这 4 台表现出相对好的㶲经济性。

㶲经济因子反映了非燃料成本在㶲流成本增加中所占的比重。除了冷凝器，其他 4 台设备的㶲经济因子都在 0.7 以上，提示这些设备都应考虑降低非燃料成本，即投资成本偏高。4 台设备中，又以 SP 锅炉的㶲经济因子最高，达到 0.865，尤其需要侧重关注。相对地，仅冷凝器的㶲经济因子低于 0.3，提示应更多考虑其㶲损失的问题。回顾表 C.10-2 各个设备的㶲损失和㶲效率数据，冷凝器的㶲效率的确偏低。

C.11 㶲环境分析：污泥消化装置

C.11.1 㶲环境分析方法论

C.11.1.1 从 LCA 到㶲环境分析

全生命周期分析（life cycle assessment，LCA）方法是对一种产品或者服务在其生命周期内（从原材料获取，产品生产、使用直至产品使用后的处置等所有过程）进行环境影响分析的评价方法。它对系统内的所有过程、材料消耗和污染排放相关的数据进行统计分析，以环境影响量化方法计算出环境影响指标。图 C.11-1 扼要地描述了 LCA 的工作内容、主要步骤和方法框架。

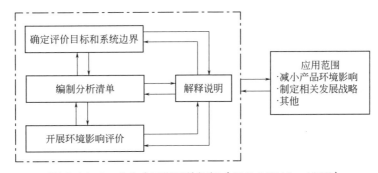

图 C.11-1 全生命周期评价框架（ISO 14040，1997）

在 LCA 用于用能设备和系统的环境评价时，人们发现，LCA 工作繁复，对产品或材料的评估不可能简明地参照理想状态的几种场景择优，而要受到各种约束条件的制衡。例如，减小环境影响往往需要增加投资，甚至同时要降低系统能源利用效率等。借鉴㶲经济分析方法的思想，Ayres 提出㶲分析与 LCA 结合的**㶲环境分析**（exergoenvironmental analysis）方法（Ayres R U，1998），而 Meyer 建立了用能设备和系统的㶲环境模型（Meyer L，2009）。这样一来，既可以根据㶲分析评价用能系统的热力学完善性，又可以兼顾系统的环境影响。

如图 C.11-2 所示，烟环境分析方法主要分成基础、核心和后续三个步骤：①对用能系统进行烟分析和 LCA；②按照各用能系统烟分析结果，分配系统的环境影响值、计算烟环境因子，评价用能系统的环境影响；③提出改进措施。

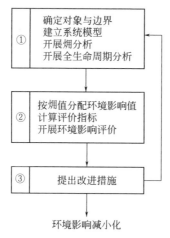

图 C.11-2　烟环境分析流程图

烟环境分析采用**环境影响**（environment impact）来量化系统中每个用能装置以及整个系统的环境特性。**环境影响标准值**（eco-indicator）（Goedkoop M, 2000）是这一方法的数值基准。环境影响标准值是一组基于生命周期评估得到的数据，用以表明一个产品或一个加工过程对环境产生负影响的程度。环境影响标准值主要考虑排放造成的环境影响和接受排放环境的敏感性，主要包括 3 个范畴，即人类健康、生态系统质量和资源。环境影响标准值的内容主要涉及：

① 材料。描述原材料开采、加工对环境造成的影响程度，以单位质量进行衡量。

② 生产过程。不同的材料有多种处理和加工方法，而各种处理和加工方法也有不同的特定衡量标准。

③ 运输过程。一般以每吨千米（tkm）的能耗来衡量。

④ 能量消耗过程。以产品使用中电能和热能的消耗来衡量。

⑤ 废弃物处理。以单位质量来衡量，不同的材料和处理方法得到的指标也不同。

与以往的 LCA 不同，环境影响标准值使得 LCA 步骤（图 C.11-2 的第 4 步）大为简化。环境影响标准值通常用单位量［质量（kg）、能量（kWh 或 kJ）、运输量（tkm）等］的环境影响（Pts）表示。例如，Pts/kg、Pts/kWh 或 Pts/kJ、Pts/tkm 等。

表 C.11-1 是部分环境影响标准值的示例。表中数值单位 mPts 的 m 是百万（million）的缩写。

表 C.11-1　部分环境影响标准值示例

项目	环境影响标准值	说明
金属生产 / (mPts/kg)		
铸铁	240	含碳量 2% 以上
钢	86	含 80% 初生铁、20% 其他成分的块料
高合金钢	910	含 71% 初生铁、16% 铬、13% 镍的块料
铜	1400	仅含主要材料的块料
塑料与化学品生产 / (mPts/kg)		
ABS	400	
PVC（硬质）	270	含 10%（粗略估算）增塑剂
氨	160	NH_3
无机化学品	53	生产平均值
有机化学品	99	生产平均值
环氧乙烷 / 乙二醇	330	用作工业溶剂和清洗剂
燃料油	180	仅计燃料生产，不包括燃烧
氢气	830	H_2
氯化钠	6.6	NaCl
氢氧化钠	38	NaOH
建筑材料生产 / (mPts/kg)		
水泥	20	硅酸盐水泥
砂	0.82	包括开采和运输
混凝土	3.8	密度为 2200 kg/m^3 的混凝土
热 / (mPts/kWh)		
燃煤热	3.2	煤在工业炉（功率为 1 ~ 10 MW）中燃烧
燃气热	5.4	天然气在常压锅炉（功率低于 100 MW）中燃烧，低 NO_x
电 / (mPts/kWh)		
电（高压或中压）	22	高于 24 kV 或 1 ~ 24 kV[①]
电（低压）	26	低于 1 kV[①]
运输 / (mPts/tkm)		
公路运输	34	荷重 16 t 卡车，40% 负载的（欧洲平均水平，含往返）
铁路运输	3-9	20% 柴油和 80% 电力驱动的电动列车
废弃处置 / (mPts/kg)		
循环利用（PVC）	−170/86/−250	如果未与其他塑料混合[②]
生活垃圾（纸）	−0.13	44% 由消费者分离（欧洲平均情况）
生活垃圾（玻璃）	−6.9	52% 由消费者分离（欧洲平均情况）
焚烧（纸）	−12	不计高产能导致的 CO_2 排放[③]
焚烧（PVC）	37	能量产率相对较低
焚烧（钢）	−32	40% 磁选回收，剔除粗铁（欧洲平均情况）
市政垃圾处置（PVC）	10	
市政垃圾处置（纸）	0.71	
市政垃圾处置（玻璃）	2.2	

① 欧洲发输电联盟（UCPT）数据；
② 回收过程的环境负荷和避免的产品因情况而异。这些值是回收原材料的一个例子。三个指标值分别为总量、过程和避免产品；
③ 在欧洲的垃圾焚烧厂焚烧。能源回收的平均情况。欧洲 22% 的城市垃圾被焚烧。

C.11.1.2 LCA 模型

用能系统的全生命周期可以分作建造阶段、运行维护阶段和废弃处置阶段。在这三个阶段内，为了将原料转化为产品或服务，用能系统需要的设备、材料与能源等会分别产生一定的环境影响。

（1）材料环境影响

这部分环境影响涉及用能系统在全生命周期内所使用的各种材料，建造、运行维护以及废弃处置三个阶段所产生的环境影响：

$$y_M = y_{CO} + y_{OM} + y_{DE} \qquad (\text{Pts}) \qquad (\text{C.11-1})$$

式中，y_{CO}、y_{OM} 和 y_{DE} 分别表示材料在建造、运行维护以及废弃处置阶段的环境影响点数。材料环境影响 y_M 又可以进一步具体表达为：

$$y_M = m_{CO}\omega_{CO} + m_{OM}\omega_{OM} + m_{DE}\omega_{DE} \qquad (\text{Pts}) \qquad (\text{C.11-1a})$$

式中，m_k 为用能系统的材料质量，kg；ω_{CO}、ω_{OM} 和 ω_{DE} 分别表示用能系统在构成或建造、运行维护以及废弃处置阶段的环境影响标准值，Pts/kg。例如，在表 C.11-1 的数值示例中可以看到，钢和 PVC 塑料的数据分别先后出现在"生产"和"废弃处置"两栏处，即为 ω_{CO} 和 ω_{DE} 的数值，而"运行维护"阶段的 ω_{OM} 数值则为零。

公式（C.11-1）给出的 y_M 是用能系统在生命周期内材料环境影响点数总和的数值，并没有涉及时间。联系用能系统生命周期的时间量，y_M 值的年度化（时间化）转换关系如下：

$$Y_M = y_M / (\tau \times n) \qquad (\text{Pts/h}) \qquad (\text{C.11-2})$$

式中，Y_M 为年度化的材料环境影响，Pts/h；τ 为年运行时间，h/a；n 为使用寿命年限，a。

（2）燃料环境影响

这部分环境影响涉及用能系统在全生命周期内运行，消耗公用工程（电、燃料、热、冷、水、气等）所产生的环境影响，具体模型见公式（C.11-7）及相关介绍。合计公式（C.11-2）的材料环境影响和公式（C.11-7）的燃料环境影响的数值结果 B_F，可以得到系统的 LCA 量化评价值：

$$Y = Y_M + B_F \qquad (\text{Pts/h}) \qquad (\text{C.11-3})$$

C.11.1.3 㶲环境分析模型

（1）比㶲环境影响

定义输入或输出用能系统中任意物流或能流 i 的环境影响为：

$$B_i \equiv b_i E_i \qquad (\text{Pts/h}) \qquad (\text{C.11-4})$$

式中，E_i 为物流或能流 i 的㶲，J/h；b_i 为物流或能流 i 的**比㶲环境影响**（specific exergoenironmental impact）；也可表达为：

$$b_i = B_i / E_i \qquad \text{（Pts/J）} \quad \text{（C.11-4a）}$$

类似公式（C.11-4），㶲损失的环境影响为：

$$B_{D,j} = b_{D,j} I_j \qquad \text{（Pts/h）} \quad \text{（C.11-5）}$$

式中，I_j 是用能系统的内部㶲损失、外部㶲损失或总㶲损失，J/h；$b_{D,j}$ 为各类对应的㶲损失的比㶲环境影响。也可表达为：

$$b_{D,j} = B_{D,j} / I_j \qquad \text{（Pts/J）} \quad \text{（C.11-5a）}$$

（2）㶲环境影响平衡方程

对于任意用能系统可以写出如下一般化㶲平衡方程：

$$E_{in} = E_{out} + I_{int} \qquad \text{（J/h）} \quad \text{（C.11-6）}$$

式中，E_{in} 和 E_{out} 分别为系统的输入㶲和输出㶲；I_{int} 为内部㶲损失。如果将输出㶲分成产品㶲和外部㶲损失，则可改写为：

$$E_{in} = E_P + \left(I_{int} + I_{ext} \right) = E_P + I \qquad \text{（J/h）} \quad \text{（C.11-6a）}$$

式中，I_{ext} 和 I 分别为外部㶲损失和总㶲损失；E_P 为系统输出的产品㶲。

图 C.11-3 为对任意用能系统建立的基于㶲衡算的环境影响分析模型。图 C.11-3（a）和（b）分别以简和繁两种形式表示任意用能系统。该系统的输入侧有 N 个物料与能量的环境影响流 $B_{in,i}$ 或 $b_{in,i}E_{in,i}$ 和材料环境影响流 Y；输出侧有 M 个物料与能量环境影响流 $B_{out,j}$ 或 $b_{out,j}E_{out,j}$ 和内部㶲损失环境影响流 $B_{D,int}$ 或 $b_{D,int}I_{int}$。

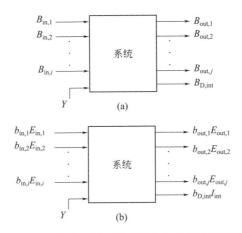

图 C.11-3　任意用能系统的输入与输出环境影响流

根据图 C.11-3 并对应公式（C.11-6），有㶲环境影响平衡关系：

$$\sum b_{\text{in},i} E_{\text{in},i} + Y = \sum b_{\text{out},j} E_{\text{out},j} + b_{\text{D,int}} I_{\text{int}} \quad \text{（Pts/h）} \quad \text{（C.11-7）}$$

式中，$b_{\text{in},i}$ 和 $b_{\text{out},j}$ 分别为输入物流或能流与输出物流或能流的比㶲环境影响；$b_{\text{D,int}}$ 为内部㶲损失的比㶲环境影响。基于公式（C.11-7），可有：

$$b_{\text{D,int}} = \frac{\sum b_{\text{in},i} E_{\text{in},i} + Y - \sum b_{\text{out},j} E_{\text{out},j}}{I_{\text{int}}} \quad \text{（Pts/J）} \quad \text{（C.11-7a）}$$

类似公式（C.11-6a），可有：

$$\sum b_{\text{in},i} E_{\text{in},i} + Y = \sum b_{\text{P},j} E_{\text{P},j} + b_{\text{D}} I \quad \text{（Pts/h）} \quad \text{（C.11-7b）}$$

式中，$b_{\text{P},j}$ 和 b_{D} 分别为产品的比㶲环境影响和总㶲损失的比㶲环境影响。类似公式（C.11-7a），可有：

$$b_{\text{D}} = \frac{\sum b_{\text{in},i} E_{\text{in},i} + Y - \sum b_{\text{P},j} E_{\text{P},j}}{I} \quad \text{（Pts/h）} \quad \text{（C.11-7c）}$$

可将公式（C.11-7b）简写为：

$$B_{\text{in}} + Y = B_{\text{P}} + B_{\text{D}} \quad \text{（Pts/h）} \quad \text{（C.11-7d）}$$

式中，B_{in}、B_{P} 和 B_{D} 分别为输入物流或能流的环境影响、产品环境影响和㶲损失环境影响。

（3）燃料环境影响

借助上述概念和模型，继续 LCA 模型的讨论，给出系统的燃料环境影响值的计算公式：

$$B_{\text{F}} = \sum b_{\text{F},i} E_{\text{F},i} \quad \text{（Pts/h）} \quad \text{（C.11-8）}$$

式中，$b_{\text{F},i}$ 和 $E_{\text{F},i}$ 分别为系统消耗的第 i 种公用工程的比㶲环境影响和㶲，例如系统消耗的电、热或冷等等；B_{F} 表示系统的燃料环境影响。

C.11.1.4　㶲环境分析的评价指标
（1）比㶲环境影响增幅

根据图 C.11-3 和公式（C.11-7），定义用能系统输入侧㶲流的平均比环境影响和输出侧的平均比环境影响为：

$$\bar{b}_{\text{in}} \equiv \frac{\sum b_{\text{in},i} E_{\text{in},i}}{\sum E_{\text{in},i}} \quad \text{（Pts/J）} \quad \text{（C.11-9）}$$

$$\bar{b}_{out} \equiv \frac{\sum b_{out,j}E_{out,j} + b_{int}I_{int}}{\sum E_{out,j} + I_{int}} \quad (Pts/J) \quad (C.11\text{-}10)$$

以此为基础，用能系统的**比㶲环境影响增幅**（growth of specific exergoenvironmental impact）被定义为：

$$r_B \equiv \frac{\bar{b}_{out} - \bar{b}_{in}}{\bar{b}_{in}} \quad (C.11\text{-}11)$$

可见，比㶲环境影响增幅 r_B 是将输入侧㶲流的平均比环境影响作为基数，考查一个用能系统平均比环境影响的相对变化情况。这一增加幅度与用能系统的㶲环境影响特性呈正相关：r_B 值越高，说明该系统的能量传递与转换所付出的环境代价越大。r_B 可作为一个改进措施的决策判据，用以表征用能系统在减小环境影响上的改进潜力和环境友好特性。例如，如果一个用能系统中有多个用能单元，r_B 值较高者的环境影响特性不佳，或者说，该用能单元通常更具有改进潜力。反之，则表明该用能单元具备相对良好的环境影响特性，已经没有多少改进余地了。

（2）㶲环境影响因子

总体上，用能系统的环境影响由两部分构成，一部分是系统的 LCA 量化评价值 Y（材料环境影响和燃料环境影响），另一部分是系统能量转换（热力学）部分的环境影响代价。如果认为输出侧的平均比环境影响与内部㶲损失的乘积 $\left(\bar{b}_{out}I_{int}\right)$ 可以量化后者，则可认为系统总环境影响值为：

$$B = Y + \bar{b}_{out}I_{int} \quad (Pts/h) \quad (C.11\text{-}12)$$

进而，参考另外一个㶲经济分析的"诊断"参数[公式（C.10-10）]，**环境影响因子**（environmental impact factor）的定义如下：

$$f_B \equiv \frac{Y}{B} = \frac{Y}{Y + \bar{b}_{out}I_{int}} \quad (C.11\text{-}13)$$

类似地，也可以基于系统的总㶲损失，考查系统总环境影响值和环境影响因子：

$$B = Y + \bar{b}_{out}I \quad (Pts/h) \quad (C.11\text{-}14)$$

进而有计算环境影响因子的另一种形式：

$$f_B = \frac{Y}{B} = \frac{Y}{Y + \bar{b}_{out}I} \quad (C.11\text{-}15)$$

f_B 值给出了用能系统的 LCA 量化评价值 Y 在其总环境影响值 B 中的占比。它也是一个改进措施的决策判据：f_B 值偏小，表明㶲损失环境影响 $\left(\bar{b}_{out}I_{int}\right)$ 或 $\left(\bar{b}_{out}I\right)$ 相比 Y 具有更大的份额，应首先考虑用能系统能量转换环节引起的环境影响；反之，f_B 值较大，应首先考虑用能系统材料与燃料消耗引起的环境影响。当然，还可以进一步考查材料和燃料何者的环境影响更为显著。

C.11.2　污泥消化装置的㶲环境分析

C.11.2.1　装置参数与基础数据

某地污水处理厂的污泥消化装置，采用中温消化工艺处理污泥，其系统流程示意如图 C.11-4。该系统利用部分自产消化气为消化池供热，因此可将考查对象系统分为两个子单元：由消化池、污泥浆循环泵和泥水换热器（管程）组成的消化单元，以及由锅炉、热水循环泵和泥水换热器（壳程）组成的供热单元。以夏季工况为例，日处理污泥量约 1630 m³，消化池日产消化气量约 17800 m³，其中甲烷含量约为 60%。

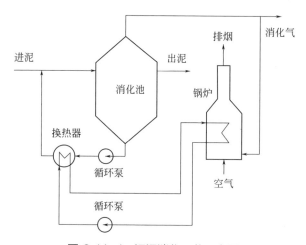

图 C.11-4　污泥消化工艺示意图

供热单元的供热功率为 7.417 GJ/h，以控制消化池温度为 33 ~ 35 ℃；消化单元与供热单元各类机泵的功率分别为 470 kW 和 86 kW。消化单元的装置与管路建设用混凝土约 30550 t、钢材约 715 t；供热单元设备与管路用钢材约 163 t。该装置运行 300 d/a，设计使用寿命 20 a。另外，表 C.11-2 为该装置的㶲衡算数据。

表 C.11-2　污泥消化装置㶲衡算数据

项目	消化单元		项目	供热单元	
	输入 / (GJ/h)	输出 / (GJ/h)		输入 / (GJ/h)	输出 / (GJ/h)
进泥，$E_{1,1}$	13.427		消化气化学㶲，$E_{2,1}$	2.788	
输入电，$E_{1,2}$	1.692		输入电，$E_{2,2}$	0.310	

项目	消化单元		项目	供热单元	
	输入 / (GJ/h)	输出 / (GJ/h)		输入 / (GJ/h)	输出 / (GJ/h)
输入热量的㶲，$E_{1,3}$	0.912		输入空气，$E_{2,3}$	0	
出泥化学㶲 ($I_{1,\text{ext}}$)，$E_{1,4}$		5.878	排烟㶲 ($I_{2,\text{ext}}$)，$E_{2,4}$		0.172
消化气化学㶲，$E_{1,5}$		6.971	输出热量㶲，$E_{2,5}$		0.912
内部㶲损失，$I_{1,\text{int}}$		3.182	内部㶲损失，$I_{2,\text{int}}$		2.014
总㶲损失，I_1		9.060	总㶲损失，I_2		2.186
合计	16.031	16.031	合计	3.098	3.098

C.11.2.2 㶲分析

根据图 C.11-4 和表 C.11-2，可以针对该装置的两个单元和整个系统分别给出普遍㶲效率和目的㶲效率。该系统输入㶲为 15.429 GJ/h，输出㶲为 10.232 GJ/h，内部㶲损失和外部㶲损失（只计出泥和排烟）分别为 5.196 GJ/h 和 6.050 GJ/h。计算结果分别列于表 C.11-3。

表 C.11-3　污泥消化装置㶲损失分布和㶲效率

项目	消化单元	供热单元	全系统
普遍㶲效率 /%	80.149	35.000	66.321
目的㶲效率 /%	43.485	29.450	27.110
内部㶲损失分布 /%	61.245	38.755	100.000
总㶲损失分布 /%	80.564	19.436	100.000

表 C.11-3 中的数据显示，消化单元的普遍㶲效率为 80.149%，表明消化过程的热力学完善度还是比较高的；供热单元燃烧与传热过程的内部㶲损失很大，拉低了整个系统的普遍㶲效率，仅有 66.321%。由于供热单元排烟的外部㶲损失很小，其目的㶲效率和普遍㶲效率的数值相近。但是消化单元与全系统的外部㶲损失都很大，所以目的㶲效率比普遍㶲效率都小了一半左右。

在总㶲损失中，供热单元与消化单元内部㶲损失的占比大致是四六开的。由于消化单元的出泥被视为外部㶲损失（其㶲值比装置输出的消化气的㶲值还要高），所以消化单元的总㶲损失占比高达 80.564%。

C.11.2.3 LCA 分析
（1）材料环境影响值

根据题给条件，采用表 C.11-1 中钢材和混凝土的环境影响标准值，按照 C.11.1.2

节的计算公式，可获得表 C.11-4 的污泥消化装置 LCA 的材料环境影响值计算结果。

表 C.11-4　材料环境影响值计算结果

项目	材料	y_{CO}/mPts	y_{OM}/mPts	y_{DE}/mPts	y_M/mPts	Y_M/（mPts/h）
消化单元	钢材	61.506×10^6	0	-22.886×10^6	38.620×10^6	268.195
	混凝土	116.076×10^6	0	0	116.076×10^6	806.081
供热单元	钢材	13.979×10^6	0	-5.201×10^6	8.777×10^6	60.953

由表 C.11-4 可知，在消化单元的全生命周期内，其材料环境影响值为 1074.276 mPts/h。混凝土是环境影响的主要部分，占四分之三。而整个消化装置的材料环境影响值为 1135.229 mPts/h。其中，消化单元和供热单元分别占 94.631% 和 5.369%。

（2）燃料环境影响值

消化单元的燃料有燃气热和电，供热单元有沼气和电。本案例中甲烷的环境影响标准值设为 6.914 mPts/MJ。这是基于不同文献的甲烷数据的大略估算值，其中包括甲烷的环境影响标准值 384 mPts/kg、燃烧热 39.820 MJ/m³、密度 0.667 kg/m³。根据题给沼气的甲烷含量（60%），可得沼气的环境影响标准值为 4.149 mPts/MJ。同时，采用表 C.11-1 中电（高压或中压）和燃气锅炉热的环境影响标准值以及表 C.11-2 的相关㶲值，按照公式（C.11-7），可有表 C.11-5 污泥消化装置 LCA 的燃料环境影响值计算结果。

表 C.11-5　燃料环境影响值计算结果

项目	燃料	E/（MJ/h）	ω/（mPts/MJ）	B_F/（mPts/h）	B_F/（mPts/h）
消化单元	燃气热	912.366	5.400	4926.778	42150.778
	电	1692.000	22.000	37224.000	
供热单元	消化气	2788.450	4.149	11568.133	18379.333
	电	309.600	22.000	6811.200	

分析表 C.11-5 的数据可知，在污泥消化装置的全生命周期内，其燃料环境影响值为 60530.111 mPts/h，是其材料环境影响值（1135.229 mPts/h）的 53 倍。其中，电、沼气和燃气热分别占 72.749%、19.111% 和 8.139%。

消化装置的材料环境影响和燃料环境影响的合计值为 61665.340 mPts/h；其主要构成是占比达到 98.159% 的公用工程消耗产生的燃料环境影响。

C.11.2.4　㶲环境分析
（1）㶲流的环境影响值

对应表 C.11-2 的数据，表 C.11-6 给出了消化单元和供热单元各输入与输出流股的比环境影响值和环境影响值的计算结果。

表C.11-6　烟流的环境影响值

项目	$b_{1,i}$ /(mPts/MJ)	$B_{1,i}$ /(mPts/h)	项目	$b_{2,i}$ /(mPts/MJ)	$B_{2,i}$ /(mPts/h)
消化单元			供热单元		
进泥	7	93986.605	消化气	4.149	11568.133
输入电	22.000	37224.000	输入电	22.000	6811.200
输入热量	5.4	4926.778	输入空气	1	0
出泥	3.5	20571.655	排烟烟	10	1719.513
消化气	4.149	28920.332	输出热量	5.4	4926.778
内部烟损失	40.810	129870.450	内部烟损失	14.98	30173.328

其中，进泥烟和出泥烟的环境影响标准值分别设为 7 mPts/kg 和 3.5 mPts/kg，空气设为 1 mPts/kg，排烟设为 10 mPts/kg。电和输入热的环境影响标准值取表 C.11-1 的数据。消化气环境影响标准值与表 C.11-5 数值相同。内部烟损失的比环境影响值按照公式（C.11-7a）计算。

可以核实消化单元输入侧与输出侧环境影响的衡算值相等，为 179362.436 mPts/h；供热单元输入侧与输出侧环境影响的衡算值则为 36819.619 mPts/h。

（2）环境影响评价指标

① 比烟环境影响增幅

根据公式（C.11-9）、公式（C.11-10）和公式（C.11-11），可以分别计算出如表 C.11-7 所示的消化单元和供热单元输入侧和输出侧的平均比环境影响值，以及两个单元的比烟环境影响增幅值。

表C.11-7　比环境影响值与比烟环境影响增幅

项目	$\bar{b}_{1,in}$ /(mPts/MJ)	$\bar{b}_{1,out}$ /(mPts/MJ)	r_{B1} /%	项目	$\bar{b}_{2,in}$ /(mPts/MJ)	$\bar{b}_{2,out}$ /(mPts/MJ)	r_{B2} /%
消化单元	8.492	11.188	31.751	供热单元	5.933	11.885	100.332

比烟环境影响增幅 r_B 表征了对应用能系统在减小环境影响上的改进潜力大小。从表 C.11-7 所示结果看，供热单元的 r_B 值远大于消化单元，说明供热单元的能量传递与转换所付出的环境代价远高于消化单元。从另一个角度看，供热单元比消化单元的改进潜力大得多，应给予更多关注。

② 烟环境影响因子

根据公式（C.11-12）和公式（C.11-13）以及公式（C.11-14）和公式（C.11-15），表 C.11-8 给出了基于内部烟损失或总烟损失的烟环境影响因子计算结果。

表 C.11-8 㶲环境影响因子

项目	Y_1 / (mPts/h)	$\overline{b}_{1,out}I_{int}$ / (mPts/MJ)	$\overline{b}_{1,out}I$ / (mPts/MJ)	f_{B1}
消化单元	43225.053	35604.839 —	— 101366.293	54.833 29.895

项目	Y_2 / (mPts/h)	$\overline{b}_{2,out}I_{int}$ / (mPts/MJ)	$\overline{b}_{2,out}I$ / (mPts/MJ)	f_{B2}
供热单元	18440.286	23932.752	— 25976.354	43.519 41.517

表 C.11-8 中列出了基于内部㶲损失的 f_B 值计算结果，消化单元与供热单元的 f_B 值比较接近，且分别略高于 50% 和略低于 50%。消化单元的 f_B 值表明系统的材料与燃料消耗引起的环境影响更显著，而供热单元的 f_B 值表明系统能量转换环节引起的环境影响更须关注。

由于总㶲损失计入了出泥等系统排放造成的外部㶲损失，表 C.11-8 基于总㶲损失的 f_B 值计算结果给出了不同的结论。首先，消化单元与供热单元的 f_B 值均低于 50%，且消化单元低了很多。这一结果表示，应更加关注系统能量转换环节引起的环境影响。

综合上述分析可以认识到，需要认真考虑污泥消化过程能源消耗的环境影响。其中，系统的电耗非常大，应尽可能通过采用类似变频电机等节能设备节省电能。系统用热的温度不高，如有可能应采用类似太阳能供热等方式，避免使用锅炉供热。如果可能，系统出泥可以进一步利用，系统的环境影响特性也将大为改善。

C.12 㶲生态分析：燃气锅炉与太阳能锅炉的比较

C.12.1 㶲生态分析方法论

C.12.1.1 理念

能值核算（emergy accounting）是一种影响广泛的系统生态学方法。可以认为，地球生态圈中各种自然资源的生成都与太阳能有关（地球外界能源的输入总量约为 15.83×10^{24} seJ/a）。据此，该方法以太阳能作为统一的基准来衡量不同形式的资源、产品或服务的生态能源代价，建立以**太阳当量焦耳**（solar-equivalent joules，seJ）为生态影响的量化单位，按照**太阳当量焦耳转换率**（solar transformity）来确定能量物质能量转换代价的方法学。多年来，许多研究者对各种自然生态系统、人工过程系统进行模拟、计算与研究，已经汇集了相当数量的各种自然资源、原料与服务所含的"转换率"数据（Odum H T, 1996）。

如图 C.12-1，产品的全生命周期从生态过程域到工业过程域，直至最终消费与处置域。可以认为，工业活动所处的生态圈能量平衡的可持续性依靠太阳能与地球环境资源（如地热）的输入维持，而地球及其环境资源包括了生物圈（人类居于其中）、大气圈、水圈、岩石圈和地心圈的资源。这些输入在生态过程中相互作用、转化、存储、消耗，成为人类的各种可利用资源；工业活动的原料生产过程与装置生产过程形成了产品生产过程；产品消费及其处置，甚至资源再循环过程是产品的终结。

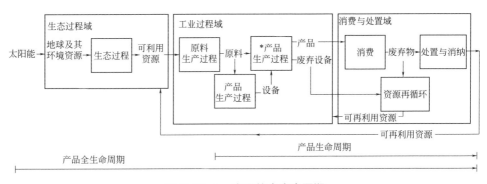

图 C.12-1　产品的全生命周期

基于图 C.12-1，任何产品的生产过程都消耗了生态系统储存的太阳当量焦耳。而为了维持生态系统的可持续性，必须从外界补充这部分太阳当量焦耳。㶲生态分析在开展热力学第二定律㶲分析的基础之上，借助工业产品的生命周期清单，考查在产品全生命周期中消耗的太阳当量焦耳，据此识别过程的生态影响程度，旨在从整个生态过程域、工业过程域、消费与处置域的链条上来量化工业产品的可持续性。可以认为，工业过程消耗的太阳当量焦耳是其完整生态成本的表征，以及生态影响的体现。降低工业产品消耗的太阳当量焦耳，就是在实施产品全生命周期的生态影响最小化。

C.12.1.2　生态㶲衡算模型

将生态评价与工业过程㶲分析结合，**㶲生态分析**（exergoecological analysis）以工业过程的㶲分析为基础，借助太阳当量焦耳转换率数据将物流与能流的㶲值，以及装置成本换算成太阳当量焦耳，并称为**生态㶲**（eco-exergy），以表征工业过程产品全生命周期各状态的能量特性，判别工业活动的生态影响和可持续性。㶲生态分析的核心仍然是热力学第二定律的理念，不过增加了系统生态方法学（能值核算）的"色彩"。

图 C.12-2 是工业过程中任意用能设备或系统的**生态㶲衡算**（eco-exergy balance）构架示意。总体上，输入侧有两大类，即输入物流与输入能流的生态㶲合计和装置成本流的生态㶲合计；输出侧也有两大类，即输出物流产品或输出能流产品的生态㶲合计与装置㶲损失的生态㶲合计。由此可以理解，㶲生态分析是在㶲分析的基础上叠加了产品全生命周期分析的认识——输入侧不仅对输入物流与输入能流的㶲作了生态㶲的换算，而且通过加入装置成本流的生态㶲加重了对"过程支付"的考量，进而对应的系统输出侧生态㶲流的技术内涵也更为厚重。为了获得输出物流产品或输出能流产品，㶲分析从热力学代价的层面揭示的是过程能耗和㶲损失，而㶲生态分析的认识要更深刻，更具有张力。

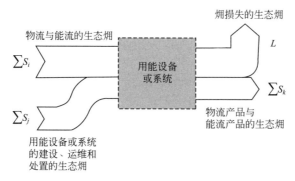

图 C.12-2　单元 k 的生态㶲衡算示意

对应图 C.12-2，可以将任意用能设备或系统的生态㶲衡算项目归纳如表 C.12-1。

表 C.12-1　工业过程的生态㶲衡算

编号	衡算对象	生态㶲成本 / （seJ/J）	折算值 / （seJ/CNY）	生态㶲流 / （seJ/s）	过程作用
	输入项目				
1	原料消耗㶲流，$E_{m,in}$/（J/s）	$s_{m,in}$	—	$S_{m,in}$	
2	能源与公用工程消耗㶲流，$E_{e,in}$/（J/s）	$s_{e,in}$	—	$S_{e,in}$	
3	装置建设费，C_c/（CNY/s）	—	s_c	S_c	代价 S_p
4	装置运行与维护费用，C_{om}/（CNY/s）	—	s_{om}	S_{om}	
5	装置处置费用，C_d/（CNY/s）	—	s_d	S_d	

编号	衡算对象	生态㶲成本 / (seJ/J)	折算值 / (seJ/CNY)	生态㶲流 / (seJ/s)	过程作用
	输出项目				
1	物料产品㶲流，$E_{mp,out}$/（J/s）	$s_{mp,out}$	—	$S_{mp,out}$	效益 S_g
2	能源产品㶲流，$E_{ep,out}$/（J/s）	$s_{ep,out}$	—	$S_{ep,out}$	
3	内部㶲损失，I_{int}/（J/s）	l_{int}	—	L_{int}	损失 L
4	外部㶲损失，I_{ext}/（J/s）	l_{ext}	—	L_{ext}	

以表 C.12-1 的分类项目说明系统输入与输出之间存在生态㶲流的衡算关系：

$$\sum S_{i,in} + \sum S_{j,eco} \equiv \sum S_{k,out} \qquad （seJ/s）\quad（C.12-1）$$

此关系可以类比用能设备或系统的成本衡算关系（其衡算单位为年度的货币成本，CNY/a），则表 C.12-1 表述如下：

$$S_{m,in} + S_{e,in} + S_c + S_{om} + S_d = S_{mp,out} + S_{ep,out} + L_{int} + L_{ext} \qquad （seJ/s）\quad（C.12-1a）$$

生态㶲流与其衡算对象之间存在"生态成本"化关系，即：

$$s_{m,in}E_{m,in} + s_{e,in}E_{e,in} + s_c C_c + s_{om}C_{om} + s_d C_d$$
$$= s_{mp,out}S_{mp,out} + s_{ep,out}S_{ep,out} + s_{int}I_{int} + s_{ext}I_{ext} \qquad （seJ/s）$$
$$（C.12-1b）$$

式中，各项意义如表 C.12-1 所示。其中，等式右项的产品 s_i（$s_{mp,out}$ 和 $s_{ep,out}$）称为**生态㶲成本**（eco-exergy cost），seJ/J，可理解为获得单位对应项目（物料产品或能源产品）的太阳能支付代价（生态成本）。公式（C.12-1）是用能设备或系统㶲生态分析的基础。

C.12.1.3　产品的生态㶲成本

为了便于分析，可合并相关项目，等式两侧分别表示输入与输出，将公式（C.12-1b）简化表达为：

$$\sum S_{i,in} + \sum S_{j,eco} = s_p E_p + s_l I \qquad （seJ/s）\quad（C.12-1c）$$

则可推导得出用能设备或系统的产品生态㶲成本：

$$s_p = \frac{\sum S_{i,in} + \sum S_{j,eco} - s_l I}{E_p} \qquad （seJ/J）\quad（C.12-2）$$

公式（C.12-2）称为产品的生态㶲成本方程。它可以作为过程分析的评价指标，因为其值大小显示了为了获得单位产品㶲，该用能设备或系统在㶲转换过程中须支付的"生态代价"的大小。显然，相同的目的产品，生态㶲成本相对低的用能设备或系统更具有生态环境可持续性。

公式（C.12-2）给出了在利用上述方法进行分析时的一个分析判据，即系统输出

产品的生态㶲成本 s_p 必然高于系统输入原料的生态㶲成本 s_m。因为用能设备或系统的目的㶲效率为：

$$\eta = \frac{E_p}{\sum E_{i,\text{in}}} \qquad （C.12\text{-}3）$$

故公式（C.12-2）又可表示为：

$$s_p = \frac{\sum S_{i,\text{in}}}{\eta} + \frac{\sum S_{j,\text{eco}}}{E_p} - \frac{s_1 I}{E_p} \qquad （\text{seJ/J}）\quad （C.12\text{-}3a）$$

公式（C.12-2）显示了产品生态㶲成本的一些影响因素，包括燃料的生态㶲成本、㶲效率、㶲损失及其生态㶲成本，以及产品㶲流等。例如，提高系统㶲效率和减小㶲损失，对系统输出产品的生态㶲成本 s_p 可能产生什么影响。可以看到，这些措施往往会导致非燃料成本增加，即系统的生态影响改进存在经济上的制衡关系。

总之，公式（C.12-2）表明，用能设备或系统的任何原料向产品的转化必然使生态㶲成本增加。公式（C.12-2）给出的生态㶲成本平衡关系仅仅是一个基本的、普遍化的形式，具体的用能设备或系统可能具有各种各样的构成，输入与输出的平衡关系将有更多的变化和具体表达。

C.12.1.4　生态㶲数据换算方法与计算规则

如同表 C.12-2，用能设备或系统生态㶲流衡算对象的㶲流数值是已知的，需要明确物流和能流的生态㶲成本以及经济数据的折算值，才可以开展公式（C.12-1）的表征与分析。公式（C.12-1）对生态㶲流的衡算是输出侧相对输入侧而言，输出侧的生态㶲流特性（例如，产品的㶲成本）主要取决于输入侧的生态㶲流特性。两者的守恒关系决定了两者须采取不同的生态㶲成本计算规则。

本案例提出，输入侧与输出侧分别采用不同的计算规则。输入侧㶲流的生态㶲成本采用规定值，也就是将㶲流数值和装置费用换算成以太阳当量焦耳计量的生态㶲值。太阳当量焦耳转换率的数据来源于相关文献的规定值。相对地，输出侧㶲流的生态㶲成本则酌情选择适宜的计算规则。由此基于公式（C.12-2a）算出产品的生态㶲成本。

（1）输入侧㶲流的生态㶲数据换算

生态㶲数据换算需根据文献的太阳当量焦耳转换率数据。表 C.12-2 是部分燃料（也可视为原料与化学品）、不可再生能源与可再生能源、工业用水、电、热（一般工业用热）、装置的设备费用（初投资）和运行维护费用的太阳当量焦耳转换率的典型数据示例。

㶲分析的概念与方法
GB/T 14909—2021《能量系统㶲分析技术导则》解读

表 C.12-2 太阳当量焦耳转换率的数据示例

名称	太阳当量焦耳转换率	单位	文献来源
一次能源与资源（可再生）			
太阳能	1.00	seJ/J	Zhang L，2018
淡水资源	$6.39×10^5$	seJ/J	Buenfil A,2001
空气	$5.16×10^7$	seJ/g	王灵敏，2004
一次能源与资源（不可再生）			
煤炭	$3.98×10^4$	seJ/J	Shen J，2019
原油	$5.40×10^4$	seJ/J	Shen J，2019
天然气	$4.80×10^4$	seJ/J	Shen J，2019
岩石	$1.27×10^9$	seJ/g	Zhang L，2018
二次能源与工业产品			
电	$1.60×10^5$	seJ/J	王灵敏，2004
汽油	$1.05×10^5$	seJ/J	Shen J，2019
柴油	$5.30×10^4$	seJ/J	Shen J，2019
水泥	$2.30×10^9$	seJ/g	Zhang L，2018
钢铁	$3.21×10^9$	seJ/g	Zhang L，2018
公用工程			
热	6100	seJ/J	王灵敏，2004
水（工业）	$6.39×10^5$	seJ/g	Buenfil A,2001
氧气	$5.16×10^7$	seJ/g	Shen J，2019
氮气	$4.05×10^{10}$	seJ/g	Shen J，2019
费用			
设备费用	$3.46×10^{12}$	seJ/USD	王灵敏，2004
运行维护费用	$3.46×10^{12}$	seJ/USD	王灵敏，2004
人工费用	$7.46×10^{12}$	seJ/USD	Zhang L，2018

可以看到，表 C.12-2 显示了㶲生态分析的两类典型对象，一类是传统㶲分析的对象——物流和㶲流，表中数据物质量和㶲量；另一类是装置成本流，表中数据是资金额，包括三个内容，初投资（装置购置与建设等）、运行与维护成本以及装置处置（扣除装置残值）。与一般的物理量不同，对应物质、能量和资金额，太阳当量焦耳转换率采用了不同的计量单位。本质上，太阳当量焦耳转换率概念是，获得对象体系的每焦耳㶲所需要支付的太阳当量焦耳数，单位 seJ/J。当对象体系不是以㶲量（J）计量，而是以物质量（g）或资金额（USD）

计量时，虽然太阳当量焦耳给出了对应的计量单位，实际上还是作了㶲当量数值的转换。

生态㶲数据换算模型

基于表 C.12-2 的数据可以将㶲流数据转换为生态㶲流数据：

$$S_i = Tr_i E_i \qquad \text{（seJ/s）} \qquad \text{（C.12-4）}$$

式中，Tr_i 为太阳当量焦耳转换率，seJ/J；E_i 为 i 物流或能流的㶲流，J/s。

同理，可以将物流数据和资金流数据转换为生态㶲流数据：

$$S_i = Tr_i m_i \qquad \text{（seJ/s）} \qquad \text{（C.12-5）}$$
$$S_i = Tr_i C_i \qquad \text{（seJ/s）} \qquad \text{（C.12-6）}$$

式中，Tr_i 为太阳当量焦耳转换率，seJ/g(C.12-5) 和 seJ/USD(C.12-6)；m_i 和 C_i 分别为物流和资金流，g/s 和 USD/s。

与公式（C.12-1b）比较可知，公式（C.12-4）、公式（C.12-5）和公式（C.12-6）中的太阳当量焦耳转换率就相当于生态㶲成本。换言之，公式（C.12-1）输入侧㶲流（$\sum S_{i,\text{in}}$ 和 $\sum S_{j,\text{eco}}$）就是按照公式（C.12-4）、公式（C.12-5）和公式（C.12-6），根据对应项目的特征选定太阳当量焦耳转换率，进行生态㶲数据换算。

费用成本的年度化

公式（C.12-6）中的资金流 C_i，是用能设备或系统各类费用的年度化结果。在不考虑所得税等因素时，年度化成本计算式为：

$$C_a = C_0 \times CRF(i,n) \qquad \text{（USD/a）} \qquad \text{（C.12-7）}$$

式中，C_a 为年度化成本，USD/a，根据装置年运行时间可以将其单位转化为 USD/s；C_0 为装置建设费用、运行维护费用或装置处置费用，USD；$CRF(i,n)$ 为投资回收系数，是银行贷款年利率 i 和装置运行年限 n 的函数，具体数值可基于以下公式计算：

$$CRF(i,n) = \frac{i}{1-(1+i)^{-n}} \qquad \text{（C.12-8）}$$

（2）输出侧㶲流的生态㶲成本计算规则

公式（C.12-1）输出侧㶲流（$\sum S_{k,\text{out}}$）的计算规则与输入侧不同，需要根据用能设备或系统的情况，酌情规定适宜的㶲损失和产品的计算规则，从而也就限定了产品的生态㶲成本。

多个产品（输出侧）的计算规则

产品分成物料产品与能源产品，例如冷、热或电。通常情况下，设所有产品的生态㶲成本相同。

㶲损失（输出侧）的计算规则

㶲分析的概念与方法
GB/T 14909—2021《能量系统㶲分析技术导则》解读

㶲损失包括内部㶲损失和外部㶲损失。基于不同的研究目的与应用背景，㶲损失计价可以采取两种简化处理的策略，即原则上可以规定，㶲损失生态㶲成本与原料或产品相同，不计价是不可取的，因为㶲损失是㶲分析不可缺失的核心内容。

① **㶲损失的生态㶲成本与原料相同**　如公式（C.12-4）和公式（C.12-5）的规定，所谓原料的㶲成本即太阳当量焦耳转换率。此时，对应公式（C.12-2）的产品成本方程为：

$$s_p = \frac{\sum S_{i,\mathrm{in}} + \sum S_{j,\mathrm{eco}} - s_m^* I}{E_p} \qquad (s_l = s_m) \quad (C.12\text{-}9)$$

式中，s_m^*为原料生态㶲成本的一个规定值。如果存在多种原料，s_m^*是各类原料太阳当量焦耳转换率的算数平均值，或者取主原料的太阳当量焦耳转换率。需要注意，如果多种原料中含有电，须在求平均值时将电剔除；如果原料只有电，则须对其打折扣（例如，乘以 0.5 以下的系数）。

② **㶲损失的生态㶲成本与产品相同**　此时，对应公式（C.12-2）的产品成本方程为：

$$s_p = \frac{\sum S_{i,\mathrm{in}} + \sum S_{j,\mathrm{eco}}}{E_p + I} \qquad (s_l = s_p) \quad (C.12\text{-}10)$$

C.12.1.5　㶲生态分析的评价指标

根据式（C.12-1a）中诸项的过程作用分别有支付项、收益项与损失项的生态㶲流：

$$S_p = \sum S_{i,\mathrm{in}} + \sum S_{j,\mathrm{eco}} \qquad (\mathrm{seJ/h}) \quad (C.12\text{-}11)$$

$$S_g = S_{mp,\mathrm{out}} + S_{ep,\mathrm{out}} \qquad (\mathrm{seJ/h}) \quad (C.12\text{-}12)$$

$$L = s_l I \qquad (\mathrm{seJ/h}) \quad (C.12\text{-}13)$$

公式（C.12-11）、公式（C.12-12）和公式（C.12-13）的下标 p 和 g 分别表示支付和收益，则系统有总体生态㶲衡算式：

$$S_g = S_g + L \qquad (\mathrm{seJ/h^1}) \quad (C.12\text{-}14)$$

根据生态㶲流股的过程作用，定义效益与代价的百分比为工业过程的**生态㶲效率**（ecological exergy efficiency）：

$$\eta^{\mathrm{eco}} = \frac{S_g}{S_p} \times 100\% = \left(1 - \frac{L}{S_p}\right) \times 100\% \qquad (C.12\text{-}15)$$

可将生态㶲效率理解为，基于生态视角考量的工业过程效益在其代价中的百分占比。

同时，类似"能量单耗"（单位产品的能耗，kJ/kg）与"㶲单耗"（单位产品的㶲消耗，kJ/kg）的概念，定义代价与效益的比值为工业过程的**生态影响值**

（ecological impact value）：

$$\beta^{eco} = \frac{S_p}{S_g} \tag{C.12-16}$$

即为了获得工业过程的单位生态㶲效益所支付的生态代价——生态㶲消耗。

C.12.2　燃气锅炉与太阳能锅炉的㶲生态分析

C.12.2.1　锅炉参数与经济数据

对燃气锅炉和太阳能槽式集热锅炉（以下简称为太阳能锅炉）作系统简化处理，基本操作参数和经济数据如表 C.12-3。

表 C.12-3　锅炉参数

项目		燃气锅炉	太阳能锅炉
输入			
	水（25 ℃，100 kPa）/（t/h）	10	10
	天然气（25 ℃，100 kPa）/（m³/h）	110.1	—
	空气（25 ℃，100 kPa；79% N₂，21% O₂）/（m³/h）	1177.5	—
	太阳热能/（GJ/h）	—	3.143
输出			
	热水（100 ℃，100 kPa）/（t/h）	10	10
	排烟（300 ℃，100 kPa；72.2% N₂，2.1% O₂，17.1% H₂O，8.5% CO₂）/（m³/h）	2475.1	—
	装置建设成本/10⁴ CNY	3	10
	燃料成本/（CNY/m³）	2.5	0
	装置处置成本/10⁴ CNY	0.3	1

本例设两个系统的年运行时间为 2000 h，运行年限为 15a，装置运行与维护成本仅考虑燃料费用，同时设投资的银行贷款利率 7%。

装置建设成本和装置处置成本

对于装置建设成本、装置运行与维护成本和装置处置成本 3 项数据，首先将装置建设成本和装置处置成本合并，两台装置分别有 3.3×10^4 CNY 和 11×10^4 CNY，以下简称装置成本，然后按以下方法对其作年度化处理。

已知银行贷款年利率和装置运行年限相同，均分别为 7% 和 15 a，则两台装置的投资回收系数为：

$$CRF(i,n) = \frac{i}{1-(1+i)^{-n}} = \frac{0.07}{1-(1+0.07)^{-15}} = 0.1098$$

进而，利用忽略所得税等因素的年度化成本转换式：

$$C_a = C_0 \times CRF(i, n)$$

基于两台设备的固定成本，可以计算出两个装置的年度化固定成本，分别为 0.3623×10^4 CNY/a 和 1.2077×10^4 CNY/a，或根据装置的年运行时间（2000 h），进一步转化为 1.81 CNY/h 和 6.04 CNY/h，两项合计为 7.85 CNY/h。

装置运行与维护成本

因为装置运行与维护成本仅考虑燃料费用，以下简称运维成本，故根据天然气锅炉的燃料消耗量和天然气价格，其运维成本为 275.25 CNY/h；太阳能锅炉没有天然气消耗，所以其运维成本为零。

㶲生态分析的步骤归纳为三步，第一步是做系统的传统㶲分析；第二步是对系统输入侧的㶲流数据做生态㶲数值换算，并决定系统输出侧㶲流数据的计算规则；第三步是利用系统的生态㶲数据开展分析与评价。

C.12.2.2 㶲衡算

基于 GB/T 14909—2021 的环境参考态基准和基础数据计算，燃气锅炉和太阳能锅炉的㶲衡算数据如表 C.12-4。其中，本例忽略了系统用电、物流输送和热损失等细节分析。

表 C.12-4 蒸汽锅炉的㶲衡算数据

项目		燃气锅炉	太阳能锅炉
输入			
	水 /（GJ/h）	0	0
	天然气 /（GJ/h）	3.689	—
	空气 /（GJ/h）	0	—
	太阳热能 /（GJ/h）	—	1.163
输出			
	热水 /（GJ/h）	0.340	0.340
	排烟 /（GJ/h）	0.244	—
	内部㶲损失 /（GJ/h）	3.105	0.823
	目的㶲效率 /%	9.217	29.238

表 C.12-4 的㶲分析数据显示，燃气锅炉的内部㶲损失几乎 4 倍于太阳能锅炉。两台设备的㶲效率都不高，燃气锅炉中 90% 以上的做功能力都损失掉了。当然，太阳能锅炉也损失了 70% 以上。

C.12.2.3 生态㶲衡算
（1）数据转换与计算规则

本案例的系统输入侧项目涉及的生态㶲转换率数据如表 C.12-5 所示。

表 C.12-5　生态㶲转换率（Tr）数据

项目	Tr		项目	Tr	
水	6.39×10^5	seJ/g	太阳光	1	seJ/J
天然气	4.8×10^4	seJ/J	设备成本（初投资）	3.46×10^{12}	seJ/USD
空气	5.16×10^7	seJ/g	运维成本	3.46×10^{12}	seJ/USD

本案例的系统输出侧项目中有热水、排烟和内部㶲损失。热水为主产品，排烟作为外部㶲损失与内部㶲损失合计。本案例分别计算和分析㶲损失与原料和产品生态㶲成本相同的两种情形。

（2）生态㶲衡算

① 㶲损失生态㶲成本与原料相同（$s_1=s_m$）　首先，燃气锅炉的原料中有水、天然气和空气，计算上式中原料生态㶲成本的平均值：

$$s_m^* = \left(S_{H_2O} + S_{NG} + S_{air} \right) \Big/ \sum E_{in} = 68900.60\,\text{seJ}/\text{J}$$

据此，可计算㶲损失［包括排烟（外部㶲损失）和内部㶲损失］的生态㶲流，进而根据热水的产品成本方程：

$$s_p = \frac{\sum S_{i,in} + \sum S_{j,eco} - s_m^* I}{E_p}$$

$$= \frac{S_{H_2O} + S_{NG} + S_{air} + S_c - s_m^* \left(E_{gas} + I_{int} \right)}{E_{H_2O}} = 4.717\times10^5\,\text{seJ}/\text{J}$$

得到热水的生态㶲成本为 4.717×10^5 seJ/J，且生态㶲效率与生态影响值分别为 41.003% 和 2.439。具体数值结果汇总于表 C.12-6。以同样的方法，可以得到太阳能锅炉的数值结果，也汇总于表 C.12-6。

表 C.12-6　生态㶲衡算数据（$s_i=s_m$）

项目	燃气锅炉 /（TseJ/h）	分布 /%	太阳能锅炉 /（TseJ/h）	分布 /%
输入				
水	6.39	1.63	6.39	68.15
天然气	177.07	45.27	—	—
空气	70.71	18.08	—	—
太阳热能	—	—	0.001163	0.01
装置成本	0.89	0.23	2.99	31.84
运维成本	136.05	34.79	—	—
合计	391.12	100.00	9.38	100.00
输出				
热水	160.37	41.00	7.95	84.80

㶲分析的概念与方法
GB/T 14909—2021《能量系统㶲分析技术导则》解读

项目	燃气锅炉 /（TseJ/h）	分布 /%	太阳能锅炉 /（TseJ/h）	分布 /%
排烟	16.81	4.30	—	—
内部㶲损失	213.94	54.70	1.43	15.20
合计	391.12	100.00	9.38	100.00

② **㶲损失生态㶲成本与产品相同（$s_1=s_p$）** 这种情况下的数值处理相对简单，直接有产品成本方程：

$$s_p = \frac{\sum S_{i,\text{in}} + \sum S_{j,\text{eco}}}{E_p + I} = \frac{S_{\text{H}_2\text{O}} + S_{\text{NG}} + S_{\text{air}} + S_c}{E_{\text{H}_2\text{O}} + \left(E_{\text{gas}} + I_{\text{int}}\right)}$$

将对应数据代入，可得此条件下的数值结果，如表 C.12-7 所示。

表 C.12-7　生态㶲衡算数据（$s_1=s_p$）

项目	燃气锅炉 /（TseJ/h）	分布 /%	太阳能锅炉 /（TseJ/h）	分布 /%
输入				
水	6.39	1.63	6.39	68.15
天然气	177.07	45.27	—	—
空气	70.71	18.08	—	—
太阳热能	—	—	0.001163	0.01
装置成本	0.89	0.23	2.99	31.84
运维成本	136.05	34.79	—	—
合计	391.12	100.00	9.38	100.00
输出				
热水	36.05	9.22	2.74	29.23
排烟	25.87	6.61	—	—
内部㶲损失	329.20	84.17	6.64	70.77
合计	391.12	100.00	9.38	100.00

比较表 C.12-6 和表 C.12-7，两种场景下，输入侧和输出侧的生态㶲流没有变化。燃气锅炉输入侧和输出侧的生态㶲流均为 391.12 TseJ/h，太阳能锅炉则均为 9.38 TseJ/h。而且两种场景下，输入侧的每一股生态㶲流都没有变化，只是输出侧的生态㶲流数据发生了比较大的变化。显然，这是两种㶲损失生态㶲成本计算规定所导致的。在本案例中，当规定㶲损失生态㶲成本与产品相同时，燃气锅炉㶲损失的生态㶲流在输出侧的占比从 59.00% 上升至 90.78%，大幅凸显了对㶲损失的考量。

C.12.3　结果比较和讨论

基于表 C.12-6 和表 C.12-7 中两种场景的数据，表 C.12-8 给出了燃气锅炉和太阳能锅炉的生态㶲成本、生态㶲效率和生态影响值。

非常明显，太阳能锅炉的分析结果大幅度优于燃气锅炉。不可再生能源天然气的消耗是主要原因，而燃烧过程的高不可逆性所导致的㶲损失是其中的要因。尽管太阳能锅炉的建设与处置费用比燃气锅炉高出 3 倍以上，但是燃气锅炉的燃料成本很高，导致燃气锅炉与太阳能锅炉两者之间各项费用的生态㶲流达到 136.94 TseJ/h 对 2.99 TseJ/h。

比较两种场景的分析结果可以发现，虽然规定㶲损失生态㶲成本与产品相同会大幅凸显热水对㶲损失的影响，但同时也拉大了燃气锅炉与太阳能锅炉之间的特性差别。

表 C.12-8　蒸汽锅炉的生态㶲衡算数据

项目	燃气锅炉	太阳能锅炉	燃气锅炉	太阳能锅炉
㶲损失生态㶲成本计算规则	$s_l = s_m$		$s_l = s_p$	
产品㶲成本 /（seJ/J）	4.717×10^5	0.239×10^5	1.060×10^5	0.081×10^5
生态㶲效率 /%	41.003	84.796	9.217	29.235
生态影响值	2.439	1.179	10.850	3.421

附录D GB/T 14909—2021的附录B（能量系统㶲分析实例）

D.1 四种建筑供热方式㶲分析及品位分析

D.1.1 确定对象系统

本案例选取四种建筑供热方案作为分析对象，包括天然气燃气锅炉供热、直接电加热供热、电热泵供热以及太阳能供热。图D.1-1的上部是四种供热系统的简化示意图；图中的虚线表示系统边界，方案1、2和4的供热侧与用户侧构成基本相同；方案3则包含了热泵的内部换热表示。热泵先从水热源（进口温度为50℃，出口温度为35℃）汲取热量，升温后再借助热泵出口加热管（进口温度为115℃，出口温度为95℃）向用户侧热水加热管供热。图D.1-1的下部是四种供热方式的供热侧与用户侧概念化图形表示。

供热侧的各个设备效率与性能参数分别设定为：方案1的燃气锅炉的热效率是95%；方案2的电加热器的加热效率是97%；方案3的热泵的性能系数 COP 是3.5；方案4中太阳能集热器的表面平均集热温度是200℃；集热效率是80%。

供热侧的能源输入各不相同，而用户侧的输出热水负荷与参数均相同。用户侧热水加热管的供水（设备出口）温度为95℃，回水（设备进口）温度为75℃；热水供应量为每天3 t。

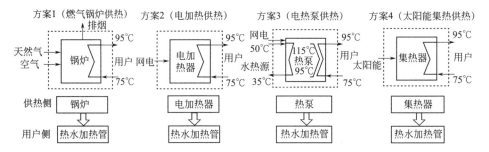

图 D.1-1　四种建筑供热系统的示意图

D.1.2　明确环境基准

本案例未采用本文件的环境参考态温度，而是根据所在地区情况设环境温度 T_0 为 20 ℃（293.15 K）。

D.1.3　说明计算依据

计算依据如下：

a）燃气锅炉的燃料天然气设为纯甲烷，并以其为主进行分析；

b）忽略电热泵供热系统的热损失；并假设电热泵内部换热的工质比热容为 1.22 kJ/（kg·K）；

c）假设设备表面平均温度为 50 ℃（323.15 K），以此计算各个设备因散热导致的外部㶲损失。

D.1.4　能量衡算和㶲衡算

D.1.4.1　能量衡算

基于四种供热系统的给定参数可以计算出各个系统的供热侧输入能量（供能负荷）、用户侧接受能量（热负荷）和热损失等数据，如表 D.1-1。显然，外界的输入与用户侧的接受是对图 D.1-1 的虚线边界面言。其中，热泵的输入能量有两部分，电耗 2.989 MJ/h 和从水热源汲取的热 7.471 MJ/h。

表 D.1-1　四种供热系统的能量衡算结果

方案	系统与设备	供能负荷 /（MJ/h）	热负荷 /（MJ/h）	热损失 /（MJ/h）	能效
1	燃气锅炉	11.011	10.460	0.551	0.95
2	电加热器	10.784	10.460	0.324	0.97
3	热泵	2.989	10.460	0	3.50
	水热源	7.471	—	—	—
4	太阳能集热器	13.075	10.460	2.615	0.80

㶲分析的概念与方法

GB/T 14909—2021《能量系统㶲分析技术导则》解读

根据系统能量衡算的原理，表D.1-1中热负荷为四种供热系统的供热侧装置（燃气锅炉、电加热器、热泵、太阳能集热器）向用户侧的热水加热管提供的热量。

供热侧装置的供能负荷，即燃气锅炉的燃料热负荷、电加热器的用电负荷、热泵的用电负荷、太阳能集热器的集热负荷，分别基于热水加热管的热负荷和各自的设备效率与性能参数推算。

供能负荷与热负荷之差为各个设备的热损失。然而，热泵供热系统比较特殊，其能效指标 COP 不是效率概念，无法据其确定其系统的热损失量。

另外，根据 COP，热泵的水热源负荷可根据热泵热负荷与用电负荷算出；进而根据设定的热泵性能参数可推算出水热源流量为 119.048 kg/h；类似地，还可推算出热泵内部工质流量为 428.689 kg/h，两者的计算式见公式（D.1-1）：

$$m=Q/[C_p(T_h-T_1)] \tag{D.1-1}$$

式中：

m ——流体质量流量，单位为千克每时（kg/h）；

Q ——流体吸热量或放热量，单位为千焦每时（kJ/h）；

C_p ——流体定压比热容，单位为千焦每千克开 [kJ/(kg•K)]；

T_h，T_1——分别为高温流体温度和低温流体温度，单位为开（K）。

D.1.4.2 㶲衡算

如表 D.1-2 所示，基于四种供热系统的给定参数和本案例设定的环境温度（293.15 K）和设备表面平均温度为（323.15 K），根据第 5 章和第 6 章（指 GB/T 14909—2021 正文章节）的方法和公式，可以计算出各个方案的供热侧与用户侧的㶲值变化和过程品位、㶲损失和㶲效率。例如：

方案 1 的燃气锅炉支付㶲（9.190 MJ/h）基于其供能负荷（燃烧负荷）与燃烧温度（1773 K），按公式（D.1-2）计算：

$$\Delta E_B=\Delta H_B(1-T_0/T_B) \tag{D.1-2}$$

式中：

ΔE_B——燃气锅炉支付㶲，单位为兆焦每时（MJ/h）；

ΔH_B——燃气锅炉供能负荷，单位为兆焦每时（MJ/h）；

T_B ——燃气锅炉燃烧温度，单位为开（K）。

另外，方案 4 的太阳能集热器的支付㶲（4.974 MJ/h），以及各个供热系统的外部㶲损失（见基于表 D.1-1 的系统热损失和设备表面平均温度 323.15 K）也由此公式算出。

方案 2 的电加热器支付㶲（10.784 MJ/h）为其供能负荷（用电负荷）。

方案 3 的热泵支付㶲有两个值，热泵用电负荷（2.989 MJ/h）与水热源取热负荷的㶲变（0.531 MJ/h）。2.349 MJ/h 是热泵出口加热管（进口温度为 115 ℃，出口温度为 95 ℃）供热负荷的㶲变；并由此㶲变计算出热泵供热系统的供热过程品位。该数值按公式（D.1-3）计算：

$$\Delta E_H = mC_p[(T_h - T_l) - T_0 ln(T_h - T_l)] \tag{D.1-3}$$

式中：

ΔE_H——热泵取热㶲变，单位为兆焦每时（MJ/h）。

另外，用户侧热水加热管的收益㶲（1.896 MJ/h）、方案 3 的热泵的水热源支付㶲（0.531 MJ/h）也是利用此公式算出的。可以看到，与表 D.1-1 的用户侧热负荷相似，各个方案用户侧收益㶲的数值都相同；而供热侧的支付㶲差异很大，因而各个方案的㶲损失和㶲效率也完全不同。与表 D.1-1 同样，表 D.1-2 中的"支付㶲"与"收益㶲"同样是对图 D.1-1 虚线边界而言。

表 D.1-2　四种供热系统的㶲衡算结果

方案	系统与设备	供热侧		用户侧		外部㶲损失/(MJ/h)	内部㶲损失/(MJ/h)	目的㶲效率/%
		支付㶲/(MJ/h)	过程品位	收益㶲/(MJ/h)	过程品位			
1	燃气锅炉	9.190	0.835	1.896	0.181	0.051	7.294	20.632
2	电加热器	10.784	1.000	1.896	0.181	0.030	8.887	17.584
3	热泵	2.989 (2.349)	0.225	1.896	0.181	0	1.624	53.870
	水热源	0.531	0.071	—	—			
4	太阳能集热器	4.974	0.380	1.896	0.181	0.243	3.078	38.118

D.1.5　评价与分析

D.1.5.1　㶲效率

方案 1 和方案 2 两个系统的㶲效率最低，分别为 20.632% 和 17.584%。原因是这两个系统的内部㶲损失最大，分别为 7.294 MJ/h 和 8.887 MJ/h，即绝大部分输入的㶲都被消耗了。反观其能效却是四个方案中最高的，分别为 95% 和 97%，表明数量评价与质量评价在视角上的巨大差异。

比较而言，方案 3 和方案 4 两个系统的㶲效率明显高出很多，体现了相对优良的热力学完善度。

D.1.5.2　能量负荷特性

基于表 D.1-1 和表 D.1-2 的数据，可以示意性地绘制各个系统的能流图（图 D.1-2）与㶲流图（图 D.1-3）。比较两幅图，可以发现该系统的一些能量负荷特性。

总体数值上，图 D.1-2 与图 D.1-3 相同部位的能流幅宽与㶲流幅宽不同，㶲流幅宽不同程度要窄。图 D.1-2 或图 D.1-3 中，各个系统的热水（用户）流幅宽均相同，其他则各不相同。

在图D.1-2中，四个系统的输入（支付）与输出（收益）大体情况相同，都表现出相当好的能量数量转换行为。除了方案3没能表示出热损失，其他三个系统的热损失非常有限。

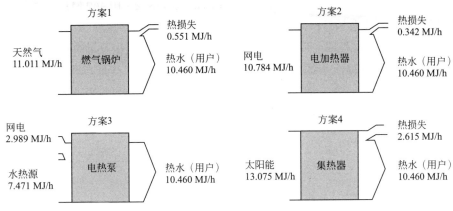

图D.1-2　四种建筑供热系统的能流图

然而，在图D.1-3中的四个系统的情况却截然不同，虽然可以粗略地认为，方案1与方案2归作一类，方案3与方案4归作另一类。前者存在很大内部㶲损失，支付㶲与收益㶲流变化很大，表明过程存在巨大的能量贬值。后者的变化有限，表现出相对适度的过程热力学代价。特别是比较方案2和方案3，同样是基于网电供热，电热泵大约以电加热器1/3的电耗提取水热源的能量，达到与电加热器相同的供热负荷（见图D.1-2），尽管水热源所含的㶲非常少（见图D.1-3）。

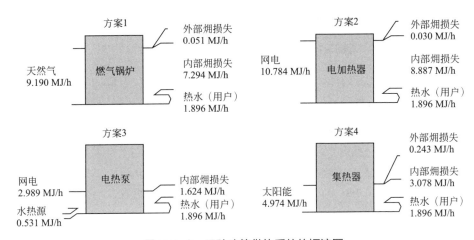

图D.1-3　四种建筑供热系统的㶲流图

D.1.5.3　能的品位分析

基于表 D.1-2 和表 D.1-3 的过程品位和热负荷数据，还可以绘制各个系统的 A-ΔH 图（图 D.1-4）。这个图分别以过程品位（A）和过程焓变（即热负荷，ΔH）为纵坐标和横坐标；图中的靠上侧的和靠下侧的水平线分别表示提供能量（热）和接受能量（热）的过程。四个方案系统的过程焓变（10.460 MJ/h）都相同，但过程品位匹配关系却有很大差异，因为各个系统的能量转换方式不一样。

图 D.1-4 中，过程线与环境参考态线（$A=0$）所围的面积表示该过程的㶲变。各个方案的供能过程线下的面积表示㶲供给侧的支付㶲，受能过程线下的面积表示㶲接受侧得到的效益㶲。其间的差或者说两根线所围的面积即过程的内部㶲损失。显然，方案 2 的㶲损失最大，方案 4 的最小。

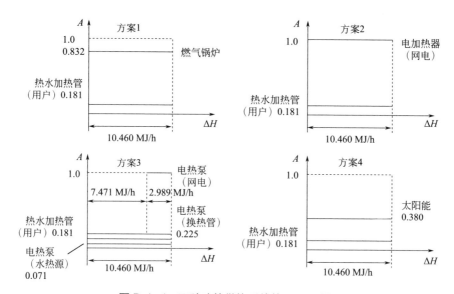

图 D.1-4　四种建筑供热系统的 A-ΔH 图

如图 D.1-4 所示，方案 3 的 A-ΔH 图构成比较复杂。其中描述了两组线。一组线表示电热泵内的泵热过程的匹配关系；另一组线表示电热泵和热水加热管的匹配关系。前者表示在电热泵中，热泵输入电（$A=1.0$，$\Delta H=2.989$ MJ/h）汲取水热源的㶲（$A=0.071$，$\Delta H=7.471$ MJ/h），升温后输出热量㶲（$A=0.225$，$\Delta H=10.460$ MJ/h）；后者表示在热泵内部换热的㶲传递（$A=0.225$，$\Delta H=10.460$ MJ/h 对 $A=0.181$，$\Delta H=10.460$ MJ/h）情况。很明显，比较前后两者，电热泵的㶲损失主要发生在前者。

图 D.1-4 直观地揭示了方案 1 和方案 2 的㶲效率低、㶲损失大的原因，即过程推动力设置过度，过程品位很不匹配；而方案 3 和方案 4 则比较好地把握了这一点。

D.1.5.4　改进机会与节能措施考虑

在本案例是四种供热方式的比较分析中，强调的是科学用能。实际上，选择合理、可行的用能方式取决于多种因素。例如，四种供热系统中，方案 1 与方案 2 目前在实际中用的比较多，而方案 3 与方案 4 方还存在一些技术性和经济性的问题，可以作为方案 1 与方案 2 的改进方式考虑。

例如，在城市小区的天然气锅炉供热系统中（类似方案 1）就是采用喷淋水进一步回收烟气余热；然后将回收的热水作为热泵系统的热源，提升温度后替代部分供热负荷；也就是说以部分电耗的增加换取部分燃烧负荷的减少。这可以看作是组合方案 1 与方案 3 而构成的新型供热系统。

D.2　甲醇合成与分离工艺的㶲分析

D.2.1　确定对象系统

本案例为示意于图 D.2-1 的简化甲醇合成与分离工艺系统。在图 D.2-1 中，该系统被分成了两个子系统，反应子系统和分离子系统。前者包括甲醇合成反应器和循环气压缩机等单元设备；后者包括甲醇精馏塔和气液分离器等单元设备。

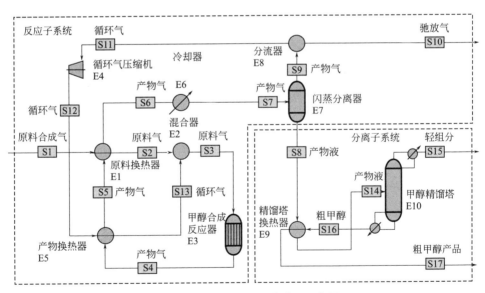

图 D.2-1　甲醇合成工艺流程示意图

在该系统工艺流程中，新鲜原料合成气（S1）进入反应子系统，经原料换热器后（S2），进入混合器与循环气（S13）混合；该循环气最初（S11）经循环气压缩机增压后（S12）进入产物换热器升温，然后送至混合器。混合原料气（S3）进入甲醇合成反应器生成的反应产物气（S4）；再经过两次换热后（S5，S6），经冷却器降温（S7），进入闪蒸分离器，分出的气相物流（S9）被分流器分成两股物流，一股为驰放气（S10）排出反应子系统，另一股作为循环气（S11）返回至循环气压缩机。闪蒸分离器的液相物流（S8）离开反应子系统，进入分离子系统，经精馏塔换热器（S14）进入甲醇精馏塔；轻组分（S15）由塔顶排出分离子系统；离开塔底的粗甲醇产品（S16）经精馏塔换热器后（S17），送出分离子系统。

对应图 D.2-1 的物流编号，表 D.2-1 给出了各个物流的温度、压力、流量与组成等数据。表 D.2-2 给出了各个单元设备的操作温度与公用工程负荷数据。

表 D.2-1　物流的温度、压力、流量与组成

物流名称		原料气	原料气	原料气	产物气	产物气	产物气
物流号		S1	S2	S3	S4	S5	S6
温度 /℃		30.0	116.5	181.6	230.0	132.1	112.0
压力 /MPa		3.2	3.2	5	5	5	5
气相分率		1	1	1	1	1	1
摩尔流量 /(kmol/h)		100	100	438.433	397.308	397.308	397.308
摩尔分数	N_2	0.003	0.003	0.007	0.008	0.008	0.008
	H_2O	0	0	0	0.001	0.001	0.001
	H_2	0.670	0.670	0.672	0.636	0.636	0.636
	CO	0.280	0.280	0.228	0.201	0.201	0.201
	CO_2	0.027	0.027	0.044	0.047	0.047	0.047
	CH_4	0.020	0.020	0.045	0.050	0.050	0.050
	CH_3OH	0	0	0.005	0.057	0.057	0.057
物流名称		产物气	产物液	产物气	驰放气	循环气	循环气
物流号		S7	S8	S9	S10	S11	S12
温度 /℃		30.0	28.9	28.9	28.9	28.91	79.0
压力 /MPa		5	4	4	4	4	6
气相分率		1	0	1	1	1	1
摩尔流量 /(kmol/h)		397.307	21.272	376.035	37.604	338.432	338.432
摩尔分数	N_2	0.008	0	0.008	0.008	0.008	0.008
	H_2O	0.001	0.027	0	0	0	0
	H_2	0.636	0.001	0.672	0.672	0.672	0.672
	CO	0.201	0.001	0.213	0.213	0.213	0.213
	CO_2	0.047	0.013	0.049	0.049	0.049	0.049
	CH_4	0.050	0.001	0.052	0.052	0.052	0.052
	CH_3OH	0.057	0.956	0.006	0.006	0.006	0.006

物流名称		循环气	产物液	轻组分	醇产品	醇产品	
物流号		S13	S14	S15	S16	S17	
温度 /℃		200.0	154.2	96.9	176.9	60.0	
压力 /MPa		6	4	3	3	3	
气相分率		1	0	1	0	0	
摩尔流量 /(kmol/h)		338.432	21.272	0.138	21.134	21.134	
摩尔分数	N_2	0.008	0	0.015	0	0	
	H_2O	0	0.027	0.001	0.027	0.027	
	H_2	0.672	0.001	0.194	0	0	
	CO	0.213	0.001	0.169	0	0	
	CO_2	0.049	0.013	0.342	0.011	0.011	
	CH_4	0.052	0.001	0.145	0.001	0.001	
	CH_3OH	0.006	0.956	0.134	0.961	0.961	

表 D.2-2　部分单元设备操作参数与公用工程负荷

单元设备号		项目	操作温度 /[℃ (K)]	动力负荷 /(GJ/h)	加热负荷 /(GJ/h)	冷却负荷 /(GJ/h)
反应子系统	E3	甲醇合成反应器	230.00(503.2)	—	—	1.345
	E4	循环气压缩机		0.515	—	—
	E6	冷却器	30.00(303.2)	—	—	1.851
分离子系统	E10b	精馏塔 - 再沸器	176.94(450.1)	—	0.079	—
	E10c	精馏塔 - 冷凝器	96.85(370.00)	—	—	0.005

D.2.2　明确环境参考态的选择

本案例采用本文件的环境参考态计算物流热物性。

D.2.3　说明计算依据

本案例的计算采取下列设定和数据来源：

a）忽略各个单元设备与管路的热损失；

b）忽略流体管路阻力，忽略流体输送功耗；

c）采用㶲数据检索与计算软件 Exergy Calculator 计算本案例所需的物流热物性数据。

D.2.4　能量衡算与㶲衡算

D.2.4.1　物料衡算

基于表 D.2-1 的物流条件，可以计算出表 D.2-3 所列的系统输入与输出物流的元素衡算表。四种元素的平均偏差为 0.0032%。以类似方法核算各个单元设备，输入与输出物流的元素偏差也极小，说明表 D.2-1 的数据满足物料守恒关系。

表 D.2-3　系统输入与输出物流的元素衡算

项目	进入 /(kmol/h)	离开 /(kmol/h)			合计	偏差 /%
	合成气	驰放气	轻组分	粗甲醇		
	S1	S10	S15	S17		
C	32.700	12.031	0.109	20.558	32.698	−0.005
H	142.000	59.350	0.208	82.448	142.007	0.005
O	33.400	11.902	0.137	21.356	33.395	−0.015
N	0.600	0.596	0.004	0	0.600	0.027

D.2.4.2　焓和㶲的计算

基于表 D.2-1 的物流条件，利用软件 Exergy Calculator 得到表 D.2-4 所列各工艺物流的焓值、㶲值和物质品位数据结果。

表 D.2-4　物流的焓值、㶲值和物质品位

物流名称	原料气	原料气	原料气	产物气	产物气	产物气
物流号	S1	S2	S3	S4	S5	S6
㶲值 /（GJ/h）	25.838	25.873	118.679	117.910	117.473	117.410
焓值 /（GJ/h）	29.753	30.013	137.116	135.771	134.489	134.230
物质品位	0.868	0.862	0.866	0.868	0.873	0.875
物流名称	产物气	产物液	产物气	驰放气	循环气	循环气
物流号	S7	S8	S9	S10	S11	S12
㶲值 /（GJ/h）	117.176	14.599	102.366	10.237	92.129	92.520
焓值 /（GJ/h）	132.379	15.372	117.006	11.701	105.306	105.820
物质品位	0.885	0.950	0.875	0.875	0.875	0.874
物流名称	循环气	产物液	轻组分	醇产品	醇产品	
物流号	S13	S14	S15	S16	S17	
㶲值 /（GJ/h）	92.869	14.658	0.044	14.637	14.559	
焓值 /（GJ/h）	107.102	15.699	0.052	15.721	15.395	
物质品位	0.867	0.934	0.853	0.931	0.946	

D.2.4.3　能量衡算

基于图 D.2-1 的表示，以及表 D.2-3 和表 D.2-4 的数据，可以计算出各个单元设备的供给侧焓变、接受侧焓变、公用工程的动力与加热负荷、冷却负荷，结果示于表 D.2-5。可见，各个单元设备计算数值分别都满足能量守恒关系。

表 D.2-5　单元设备供给侧与接受侧的能量衡算

单元设备号		项目	供给侧焓变 /(GJ/h)	接受侧焓变 /(GJ/h)	动力负荷 /(GJ/h)	热负荷 /(GJ/h)	冷却负荷 /(GJ/h)
反应子系统	E1	原料换热器	0.259	0.259	—	—	—
	E2	混合器	0.001	0.001	—	—	—
	E3	甲醇合成反应器	1.345	1.345	—	—	1.345
	E4	循环气压缩机	0.515	0.515	0.515	—	—
	E5	产物换热器	1.282	1.282	—	—	—
	E6	冷却器	1.851	1.851	—	—	1.851
	E7	闪蒸分离器	0	0	—	—	—
	E8	分流器	0	0	—	—	—
分离子系统	E9	精馏塔换热器	0.327	0.327	—	—	—
	E10	精馏塔	0.079	0.079	—	0.079	0.005

D.2.4.4　㶲衡算

同样，基于本案例的设定条件，按照 5.3 和第 6 章的方法和公式，可以计算出各个单元设备供给侧与接受侧的㶲衡算情况，结果如表 D.2-6 所示；以及各个子系统和整个系统输入与输出的㶲衡算情况，结果如表 D.2-7 所示。

表 D.2-6　单元设备供给侧与接受侧的㶲衡算

单元设备号		项目	供给侧支付㶲 /(GJ/h)	接受侧收益㶲 /(GJ/h)	内部㶲损失 /(GJ/h)	局部㶲损失率 (1) /%	局部㶲损失率 (2) /%	目的㶲效率 /%
反应子系统	E1	原料换热器	0.064	0.035	0.029	3.05	2.99	54.98
	E2	混合器	0.063	0	0.063	6.67	6.51	0
	E3	甲醇合成反应器	0.769	0.548	0.221	23.52	22.96	71.27
	E4	循环气压缩机	0.515	0.390	0.125	13.26	12.95	75.81
	E5	产物换热器	0.437	0.349	0.088	9.39	9.17	79.84
	E6	冷却器	0.233	0.031	0.203	21.58	21.07	13.09
	E7	闪蒸分离器	0.212	0	0.212	22.53	21.99	0
	E8	分流器	0	0	0	0	0	0
分离子系统	E9	精馏塔换热器	0.078	0.059	0.019	85.01	2.01	75.30
	E10	精馏塔	0.027	0.023	0.003	14.98	0.35	87.22

表 D.2-7　子系统与系统输入与输出的㶲衡算

项目	输入㶲 /(GJ/h)	输出㶲 /(GJ/h)	内部 㶲损失 /(GJ/h)	局部 㶲损失率（2）/%	普遍 㶲效率/%
反应子系统	—	—	0.939	97.64	96.44
输入：S1 和 W（E4）	26.353	—	—	—	—
输出：S8、S10、Q（E3） 和 Q（E6）	—	25.414	—	—	—
分离子系统	—	—	0.022	2.37	99.85
输入：S8 和 Q（E10， 再沸器）	14.626	—	—	—	—
输出：S15、S17 和 Q （E10，冷凝器）	—	14.604	—	—	—
系统	—	—	0.961	—	96.36
输入：S1、W（E4）和 Q（E10，再沸器）	26.380	—	—	—	—
输出：S10、S15、S17、 Q（E3）、Q（E6）和 Q（E10， 冷凝器）	—	25.419	—	—	—

表 D.2-6 中的甲醇合成反应器（E3）、冷却器（E6）、甲醇精馏塔（E10）的再沸器和冷凝器的换热过程㶲变按式（D.2-1）计算：

$$\Delta E_q = \Delta H_q(1 - 298.15/T) \qquad (D.2\text{-}1)$$

式中：

ΔE_q——设备换热过程㶲变，单位为兆焦每时（MJ/h）；

ΔH_q——设备的换热负荷，单位为兆焦每时（MJ/h）；

T　——设备温度，单位为开（K）。

本文件将外部㶲损失界定为"由于体系发生的摩擦生热、绝热不良、废气排热等导致的做功能力减少，以及环境污染物和废弃物等外部废弃造成的做功能力减少"。首先因本例设定条件为"忽略各个单元设备与管路的热损失"，所以由此产生的外部㶲损失为零。另外，本例没有将驰放气（S10）和离开精馏塔的轻组分（S15）作为外部㶲损失，原因是其㶲值比较高，分别为10.237 GJ/h 和 0.044 GJ/h，特别是驰放气，不宜将它们作为系统的"环境污染物和废弃物等外部废弃"。

表 D.2-6 和表 D.2-7 的局部㶲损失率（1）和局部㶲损失率（2）分别为基于子系统的㶲损失合计值和基于系统的㶲损失合计值所得到的结果。

表 D.2-6 的单元设备㶲效率和表 D.2-7 的系统㶲效率，分别按照 6.1.1 和 6.1.2 的方法和公式计算。为此，表 D.2-7 列出了子系统和系统的输入㶲与输出㶲项目。例如，反应子系统的输入㶲计入了物流 S1 的㶲和循环气压缩机（E4）

消耗的动力电。

D.2.5　评价与分析

D.2.5.1　㶲效率和单位产品甲醇的消耗㶲

D.2.5.1.1　㶲效率

首先，有 3 台单元设备㶲效率为零。混合器（E2）、闪蒸分离器（E7）和分流器（E10）的接受侧收益㶲为 0，这是因为此类过程不存在㶲的接受侧，可以理解为支付㶲都被损失于环境了。

单元设备㶲效率分布在一个数值不是很高的范围，低至 54.98%（原料换热器，E1），高至 87.22%（精馏塔，E10），多数在 80% 以下，不同程度地表明了该系统的单元设备用能过程的热力学不完善性。

显然，由于计算公式不同，系统与子系统的㶲效率和单元设备㶲效率之间没有可比性。但是仍然可以发现，反应子系统、分离子系统和系统总体的㶲效率分别为 96.44%、99.85% 和 96.36%；数值差异远不及单元设备㶲效率显著。究其原因，一是如同表 D.2-7 对反应子系统、分离子系统和系统的说明，各个输入㶲和输出㶲项目中物流化学组分标准㶲的基数相当大；二是系统㶲效率计算公式的分子（输出㶲）并非全是"效益"。例如，如果维持输入㶲不变（见表 D.2-7 的说明），输出㶲仅仅考虑粗甲醇产品（S17），这意味着将弛放气作为外部㶲损失，则系统㶲效率值将变为 55.19%。

特别需要指出的是，由于本案例忽略了单元设备的热损失和摩擦损失，即假设它们的第一定律效率是 100%，但是上述㶲分析结果却大相径庭，说明它们的用能过程并不完善。

D.2.5.1.2　单位产品甲醇的消耗㶲

由表 D.2-1、表 D.2-3 和表 D.2-4 可知，原料气（S1）㶲值为 25.838 GJ/h，粗甲醇产品（S17）的流量为 21.134 kmol/h；由表 D.2-5 和表 D.2-6 可知，动力负荷和热负荷的㶲值分别为 0.515 GJ/h 和 0.079 GJ/h，合计为 0.594 GJ/h（公用工程消耗所含有的㶲），而系统输入原料（S1）㶲与公用工程消耗两者所含有的㶲为 26.432 GJ/h。

根据上述数据和 6.3 的计算方法可以分别计算出，基于原料与公用工程消耗，或仅仅基于公用工程消耗的本系统单位产品甲醇消耗㶲分别为 1.251 GJ/kmol 和 0.028 GJ/kmol。

D.2.5.2　能量负荷特性

各个单元设备的操作温度范围为 29 ～ 230 ℃，压力范围比较高，为 3 ～ 6 MPa。

其中，甲醇合成反应器的温度和压力最高。

受甲醇合成反应的单程转换率限制，大量的未反应合成气（CO 和 H$_2$），需要通过循环气压缩机增压后，按大约 3∶1 的摩尔比与新鲜合成气混合，循环再利用；在系统中形成一个巨大的能量流。因此，以甲醇合成反应器为核心的工艺增压需要消耗不少公用工程动力电。相比之下，系统的冷却负荷与精馏塔的加热负荷都不大。

D.2.5.3 改进机会与节能措施考虑

D.2.5.3.1 㶲损失分布

在表 D.2-6 中，有两个描述系统㶲损失分布的数值，局部㶲损失率（1）和局部㶲损失率（2），分别是对子系统和系统而言。可以看到，反应子系统的㶲损失主要发生在甲醇合成反应器（E3）、闪蒸分离器（E7）和冷却器（E6），局部㶲损失率（1）分别为 23.52%、22.53% 和 21.58%；循环气压缩机的占比也不少，为 13.26%。对比具有全局意义的局部㶲损失率（2），可以看到分离子系统两个部件的局部㶲损失率（2）值分别为 2.01% 和 0.35%，考察其局部㶲损失率（1）意义不大。正因为如此，凡是反应子系统局部㶲损失率（1）数值大的单元设备，其局部㶲损失率（2）值依然很大。分析指明，这些单元设备是应该重点关注的部位，隐含着系统的节能改进机会。

D.2.5.3.2 节能措施

基于上述分析，可以提出一些减少㶲损失，提高系统用能水平的节能改进技术措施。例如：

① 开发先进的甲醇合成反应技术和节能反应器。

② 以其他更加节能的分离方式替代现有闪蒸分离器，包括回收产物气（S4）的减压余能。

③ 开展全工艺系统的热集成，实现更为合理的梯级换热工艺，包括甲醇合成产物气余热的利用。

④ 采用具有级间冷却的两级压缩替代现有循环气压缩机的单级压缩工艺。

⑤ 需要做好驰放气（S10）的有效回收利用。驰放气中含有大量的碳氢元素，其流量（37.604 kmol/h）是粗甲醇产品（S17）流量（21.134 kmol/h）的 1.8 倍，其㶲值（10.237 GJ/h）仅仅比粗甲醇产品㶲值（14.559 GJ/h）约少不到 30%。

参考文献

[1] AspenTech. Aspen Plus, Product. [2021-12-26]. https://www.aspentech.com/en#.

[2] Aspen Tech. Physical and Thermodynamic Properties in Aspen Plus 10.1, 1999.

[3] Ayres R U, Ayres L W, Martinás K. Exergy, waste accounting, and life-cycle analysis. Energy, 1998, 23(5): 355-363.

[4] 白扩社. 关于燃料成分及低位发热量各基间换算公式的简化. 暖通空调，1992 (6): 42-45.

[5] Barin I I. Thermodynamical Data of Pure Substances. 3rd ed. Weinheim: VCHVerlagsgesellschaft mbH, 1995.

[6] Bejan A, Mamut E. Thermodynamic Optimization of Complex Energy Systems(Nato Science Partnership Subseries: 3, 69). Springer, 1999.

[7] Binnewies M, Milke E. Thermochemical Data of Elements and Compounds, 2nd ed. Weinheim: Wiley-Verlag GmbH, 2002.

[8] Buenfil A. Emergy Evaluation of Water. University of Florida, 2001.

[9] Chase M W. NIST-JANAF Thermochemical Tables. 4th ed. Created August 1, 1998, Updated February 19, 2017.

[10] Daubert T E, Danner R P. Data Compilation Tables of Properties of Pure Compounds. New York: Design Inst for Physical Property Data, American Inst of Chem Engineers, 1985.

[11] Denbigh K G. The second-law efficiency of chemical processes. Chem Eng Sci, 1956, 6(1): 1-9.

[12] Dincer I, Rosen M A. Exergy: Energy, Environment and Sustainable Development. 3rd ed. Amsterdam: Elesevier Sci, 2013.

[13] Goedkoop M, Effting S, Collignon M. The Eco-indicator 99: A damage oriented method for life-cycle impact assessment: Manual for designers. City: PRé Consultants, 2000.

[14] Gude V G. Renewable Energy Powered Desalination Handbook: Application and Thermodynamics, Kindle Ed, Butterworth-Heinemann, 2018.

[15] Gundersen T. An Introduction to the Concept of Exergy and Energy Quality, 2011. [2021-02-28]. http://www.ivt.ntnu.no/ept/fag/tep4120/innhold/Exergy%20Light%20Version%204.pdf.

[16] Hultgren V R. Orr R L, Anderson P D, et al. Selected Values for the Thermodynamc Properties of Metals and Alloys. New York-London: John Wiley & Sons, 1963.

[17] Ian C K. 能量的有效利用：夹点分析与过程集成（英文改编版）. 2 版. 项曙光等译. 北京：化学工业出版社，2010.

[18] Ishida M, Kawamura K. Energy and exergy analysis of a chemical process system with distributed parameters based on the enthalpy-direction factor diagram. Ind Eng Chem Process Des Dev, 1982, 21(4): 690-695.

[19] IUPAC. Appendix IV to Manual of Symbols and Terminology for Physicochemical Quantities and Units. Pure and Appl Chem, 1982.

[20] Knacke O, Kubaschewski O, Hesselmann K. Thermochemical Properties of Inorganic Substances. 2nd ed. Heidelberg: Springer-Verlag Berlin, 1991.

[21] Kameyama H, Yoshida K, Yamauchi S. Evaluation of reference exergies for the elements. Appl Energy, 1982, 11: 69-83.

[22] Meyer L, Tsatsaronis G, Buchgeister J, et al. Exergoenvironmental analysis for evaluation of the environmental impact of energy conversion systems. Energy, 2009, 34(1): 75-89.

[23] Moran M J. Availability Analysis: A Guide to Efficient Energy Use. New York: ASME Press, 1989.

[24] Moran M J, Sciubba E. Exergy analysis: Principles and practice. J of Eng for Gas Turbines and Power, 1994, 116(2), 285-290.

[25] National Inst of Standards and Tech of US. NIST Reference Fluid Thermodynamic and Transport Properties Database (REFPROP): Ver 9.1, 2017. [2021-02-28]. https://www.nist.gov/srd/refprop.

[26] Odum H T. Environmental Accounting: Emergy and Environmental Decision Making. New York: John Wiley & Sons, 1996.

[27] Ozturk H M, Hepbasli A. Experimental performance assessment of a vacuum cooling system through exergy analysis method. J of Cleaner Produc, 2017, 161: 781-791.

[28] Petela R. Thermodynamic study of a simplified model of the solar chimney power plant. Solar Energy, 2009, 83: 94-107.

[29] Petrakopoulou F, Tsatsaronis G, Morosuk T. Conventional exergetic and exergoeconomic analyses of a power plant with chemical looping combustion for CO_2 capture. Int J of Thermodynamics, 2010, 13 (3): 77-86.

[30] Poling B E, Prausnitz J M, O'Connell J P. The Properties of Gas and Liquids. 5th ed. Boston: McGraw-Hill Educ, 2000.

[31] Querol E, Gonzalez-Regueral B, Perez-Benedito J L. Practical Approach to Exergy and Thermoeconomic Analyses of Industrial Processes. London: Springer, 2013.

[32] Rant Z. Exergie, Ein neues Wort für "technische arbeitsfähigkeit" (Exergy, a new word for "technical available work"). Forschung auf dem Gebiete des Ingenieurwesens, 1956 (22): 36-37.

[33] Rosen M A,. Using exergy to assess regional and national energy utilization: a comparative review. Arabian J for Sci and Eng, 2013, 38(2):251-261.

[34] Rumble J. CRC Handbook of Chemistry and Physics. 99th ed. CRC Press, 2018.

[35] Schefflan R. 无师自通 Aspen Plus 基础（英文改编版）. 2 版. 宋永吉，杨索和，何广湘，译. 北京：化学工业出版社，2015.

[36] Shen J, Zhang X, Lv Y, et al. An improved emergy evaluation of the environmental sustainability of China's steel production from 2005 to 2015. Ecol Indicators, 2019, 103: 55-69.

[37] Smith J M, Van Ness H C, Abbott M, et al. Introduction to Chemical Engineering Thermodynamics. 8th ed. McGraw-Hill Educ, 2017.

[38] Smith J M, Van Ness H C, Abbott M. 化工热力学导论（英文改编版）. 7 版. 江振西，译. 北京：化学工业出版社 , 2014.

[39] Speight J. Lange's Handbook of Chemistry. 17th ed. New York: TheMcGraw-Hill Educ, 2016.

[40] Stephenson R M, Malanowski S. Handbook of the Thermodynamics of Organic Compounds. Springer. Dordrecht, 1987.

[41] Stull D R, Westrum E F, Sinke G C. The chemical thermodynamics of organic compounds. J Chem Educ, 1970, 47, 4, A300.

[42] 孙兰义. 化工过程模拟实训——Aspen Plus 教程. 2 版. 北京：化学工业出版社，2017.

[43] Szargut J. International progress in second law analysis. Energy, 1980, 5(8-9): 709-718.

[44] Szargut J. Standard chemical exergy of some elements and their compounds, based upon the concentration in the earth's crust. Bull Acad Pol Tech, 1987; 35:53-60.

[45] Szargut J. Exergy Method Technical and Ecological Applications. WIT Press, 2005.

[46] Tsatsaronis G, Winhold M. Exergo-economic analysis and evaluation of energy- conversion plants-II. Analysis of a coal-fired steam power plant. Energy, 1985, 10(1): 81-94.

[47] United States Committee on Extension to the Standard Atmosphere (COESA). United States Standard Atmosphere, Washington D C: U S Government Printing Office, 1976.

[48] Wagman D D, Evans W H, Parker V B. Selected Values of Chemical Thermodynamic Properties, NBS Tech Note, 1968-1981, 270: 3-8.

[49] Wagman D D, Evans W H, Parker V B, et al. The NBS Tables of Chemical Thermodynamic Properties: Selected Values for Inorganic and C_1 and C_1 Organic Substances in SI Units, Washington DC: American Chem Society and the American Inst of Physics for the Nat Bureau of Standards, 1982.

[50] 王灵梅. 张金屯. 火电厂生态工业园的能值评估. 应用生态学报，2004, 15(6): 1047-50.

[51] Wu H, Hua B. Exergy calculation and its applications. J Chem Ind Eng-China, 2007, 58 (11), 2697.

[52] 熊杰明，李江保，彭晓希，等. 化工流程模拟 Aspen Plus 实例教程. 2 版. 北京：化学工业出版社，2015.

[53] Yaws C L. The Yaws Handbook of Physical Properties for Hydrocarbons and Chemical. 2nd ed. Gulf Professional Pub, 2015.

[54] 袁渭康，王静康，费维扬，等. 化学工程手册：第 1 卷. 化工基础数据. 3 版. 北京：

化学工业出版社，2019.

[55] Zhang L, Tang S, Hao Y, et al. Integrated emergy and economic evaluation of a case tidal power plant in China. J of Cleaner Produc, 2018, 182: 38-45.

[56] 赵宗昌. 化工计算与 Aspen Plus 应用. 北京：化学工业出版社，2020.

[57] Zheng D, Wu Z, Huang W, et al. Energy quality factor of materials conversion and energy quality reference system. Appl Energy, 2017, 185: 768-778.

[58] 郑丹星. 流体与过程热力学. 2 版. 北京：化学工业出版社，2010.

[59] 中国石化集团上海工程有限公司. 化工工艺设计手册. 4 版. 北京：化学工业出版社，2009.

术语检索

中文	英文	所在章节	所在页码
环境参考态	environmental reference state	1.1, 2.1	010, 024
环境影响标准值	eco-indicator	C.11.1.1	156
环境影响因子	environmental impact factor	C.11.1.4	161
化学平衡	chemical equilibrium	2.5	045
夹点技术	pinch point technology	3.2.2, C.9.5	058, 137
静压	static pressure	C.5.1	114
静压能	static pressure energy	C.5.1	114
机械功损失	shaft work loss	C.5.1	115
机械能损失	mechanical energy loss	C.5.1	114
基准物质体系	system of standard substances	2.1	025
局部㶲损失率	local exergy loss rate	3.2.1	054
局部㶲损失系数	local exergy loss coefficient	3.2.1	054
理想混合物	ideal mixture	2.4.3	040
目的㶲效率	object exergy efficiency	1.6, 3.1.2	018, 050
内部㶲损失	internal exergy loss	1.2	012
内能	internal energy	1.1	009
能量的数量与质量	quantity and quality of energy	引言, 1.1	001, 011
能量衡算	energy balance	1.4	015
能量品位	energy grade	1.6, 3.2.2	020, 055
能流图	energy flow diagram	4.4	072
能值核算	emergy accounting	C.12.1.1	166
平衡反应进度	equilibrium reaction coordinate	C.2.2	107
普遍㶲效率	general exergy efficiency	1.6, 3.1.2	018, 048
全生命周期分析	life cycle assessment	C.11.1.1	155
热集成	heat integration	3.2.2, C.9.5	058, 134
热量或冷量的㶲	exergy of heat or cold capacity	2.2	028
热力学第二定律	second law of thermodynamics	1.1	008
热力学第一定律	first law of thermodynamics	1.1	008
热力学完善度	thermodynamic perfectibility	1.6	018
熵	entropy	1.1	009
熵增原理	principle of entropy increase	1.1	009
生态影响值	ecological impact value	C.12.1.5	174
生态㶲	eco-exergy	C.12.1.2	168
生态㶲成本	eco-exergy cost	C.12.1.3	169
生态㶲衡算	eco-exergy balance	C.12.1.2	168
生态㶲效率	ecological exergy efficiency	C.12.1.5	173
势能㶲	potential exergy	C.5.1	113

中文	英文	所在章节	所在页码
收益㶲	accepted exergy	1.5	016
太阳当量焦耳	solar-equivalent joules	C.12.1.1	167
太阳当量焦耳转换率	solar transformity	C.12.1.1	167
投资回收系数	capital recovery factor	C.10.1.2	146
外部㶲损失	external exergy loss	1.2	013
位压	elevation pressure	C.5.1	114
稳定流动体系	steady flow system	2.3	029
物料衡算	mass balance	1.4	015
物质品位	energy grade of substance	3.2.2	055
系统	system	1.3	014
系统㶲分析	exergy analysis of system	4, 4.3	059, 066
㶲	exergy	引言, 1.1	001, 010
㶲单价	exergy price	C.10.1.3	147
㶲分析	exergy analysis	引言	001
㶲衡算	exergy balance	1.2, 1.5	012, 015
㶲环境分析	exergoenvironmental analysis	C.11.1.1	155
㶲经济分析	exergoeconomic analysis	C.10.1.1	145
㶲经济因子	exergoeconomic factor	C.10.1.4	149
㶲流图	exergy flow diagram	4.4	073
㶲生态分析	exergoecological analysis	C.12.1.2	167
㶲损失	exergy loss	引言	001
㶲效率	exergy efficiency	3.1.2	048
支付㶲	donated exergy	1.5	016
状态函数	state function	2.1	023
状态㶲分析	exergy analysis of state	4, 4.1	059, 061

术语检索表（英文字母序）

英文	中文	所在章节	所在页码
accepted exergy	收益㶲	1.5	016
capital recovery factor	投资回收系数	C.10.1.2	146
chemical equilibrium	化学平衡	2.5	045
closed system	封闭体系	1.1	011
composite curve	复合曲线	C.9.5	138
cost differential	成本差	C.10.1.4	149
donated exergy	支付㶲	1.5	016
dynamic pressure	动压	C.5.1	114
eco-exergy	生态㶲	C.12.1.2	168

英文	中文	所在章节	所在页码
eco-exergy balance	生态㶲衡算	C.12.1.2	168
eco-exergy cost	生态㶲成本	C.12.1.3	169
eco-indicator	环境影响标准值	C.11.1.1	156
ecological exergy efficiency	生态㶲效率	C.12.1.5	173
ecological impact value	生态影响值	C.12.1.5	174
elevation pressure	位压	C.5.1	114
emergy accounting	能值核算	C.12.1.1	166
energy balance	能量衡算	1.4	015
energy flow diagram	能流图	4.4	072
energy grade	能量品位	1.6, 3.2.2	020, 055
energy grade of substance	物质品位	3.2.2	055
energy level of process	过程品位	3.2.2	057
enthalpy	焓	1.1	009
entropy	熵	1.1	009
environmental impact factor	环境影响因子	C.11.1.4	161
environmental reference state	环境参考态	1.1, 2.1	010, 024
equilibrium reaction coordinate	平衡反应进度	C.2.2	107
exergoecological analysis	㶲生态分析	C.12.1.2	167
exergoeconomic analysis	㶲经济分析	C.10.1.1	145
exergoeconomic factor	㶲经济因子	C.10.1.4	149
exergoenvironmental analysis	㶲环境分析	C.11.1.1	155
exergy	㶲	引言, 1.1	001, 010
exergy analysis	㶲分析	引言	001
exergy analysis of process	过程㶲分析	4, 4.2	059, 062
exergy analysis of state	状态㶲分析	4, 4.1	059, 061
exergy analysis of system	系统㶲分析	4, 4.3	059, 066
exergy balance	㶲衡算	1.2, 1.5	012, 015
exergy consumption per unit product	单位产品的消耗㶲	1.6, 3.1.3	019, 052
exergy efficiency	㶲效率	3.1.2	048
exergy flow diagram	㶲流图	4.4	073
exergy loss	㶲损失	引言	001
exergy of heat or cold capacity	热量或冷量的㶲	2.2	028
exergy of shaft work	功的㶲	2.2	027
exergy price	㶲单价	C.10.1.3	147
external exergy loss	外部㶲损失	1.2	013
first law of thermodynamics	热力学第一定律	1.1	008
general exergy efficiency	普遍㶲效率	1.6, 3.1.2	018, 048

英文	中文	所在章节	所在页码
growth of specific exergoenvironmental impact	比㶲环境影响增幅	C.11.1.4	161
heat integration	热集成	3.2.2, C.9.5	058, 134
high heat value, HHV	高热值	2.4.1	036
ideal mixture	理想混合物	2.4.3	040
internal energy	内能	1.1	009
internal exergy loss	内部㶲损失	1.2	012
kinetic exergy	动能㶲	C.5.1	113
life cycle assessment	全生命周期分析	C.11.1.1	155
local exergy loss coefficient	局部㶲损失系数	3.2.1	054
local exergy loss rate	局部㶲损失率	3.2.1	054
low heat value (net calorific value), LHV	低热值	2.4.1	037
mass balance	物料衡算	1.4	015
mechanical energy loss	机械能损失	C.5.1	114
object exergy efficiency	目的㶲效率	1.6, 3.1.2	018, 050
pinch point technology	夹点技术	3.2.2, C.9.5	058, 137
potential exergy	势能㶲	C.5.1	113
principle of entropy increase	熵增原理	1.1	009
process driving force	过程推动力	1.6	019
process function	过程函数	1.1	009
quantity and quality of energy	能量的数量与质量	引言, 1.1	001, 011
second law analysis	第二定律分析	引言	003
second law of thermodynamics	热力学第二定律	1.1	008
shaft work loss	机械功损失	C.5.1	115
solar transformity	太阳当量焦耳转换率	C.12.1.1	167
solar-equivalent joules	太阳当量焦耳	C.12.1.1	167
specific exergoenvironmental impact	比㶲环境影响	C.11.1.3	161
standard energy grade of substance	标准物质品位	3.2.2	056
standard enthalpy	标准焓	2.4.1	032
standard enthalpy of formation	标准生成焓	2.1	024
standard exergy	标准㶲	2.4.1	032
standard Gibbs free energy of formation	标准生成 Gibbs 自由能	2.1	024
standard pressure	标准压力	2.1	025
standard state	标准状态	2.1	025
state function	状态函数	2.1	023
state of negative environment pressure	负环境压力状态	2.5	041
static pressure	静压	C.5.1	114
static pressure energy	静压能	C.5.1	114

㶲分析的概念与方法
GB/T 14909—2021《能量系统㶲分析技术导则》解读